李绍平　赵　静　等　编著

澳門草菌

卯晓岚 题

科学出版社

北京

内 容 简 介

本书是首部澳门蕈菌专著，以图文兼容形式系统收载了澳门蕈菌101种，隶属27科52属，配彩色实物图片282张，较为详细地描述了其形态特征、生态习性、化学成分、活性用途、毒性等。本书不仅填补了澳门大型真菌资源调查空白，也为澳门利用现代科学优势和克服资源匮乏发展中医药产业提供借鉴。

本书可供菌物学研究、教学，食药用真菌、中医药、国土环境、卫生防疫和有关农林牧等科技工作者及菌物爱好者和大、中学生参考。

图书在版编目（CIP）数据

澳门蕈菌/李绍平，赵静等编著. —北京：科学出版社，2019.11
ISBN 978-7-03-063019-3

Ⅰ. ①澳… Ⅱ. ①李… ②赵… Ⅲ. ①大型真菌－介绍－澳门
Ⅳ. ①Q949.320.8

中国版本图书馆CIP数据核字（2019）第 244560 号

责任编辑：张会格 白 雪/责任校对：郑金红
责任印制：肖 兴/设计制作：金舵手世纪

科学出版社 出版
北京东黄城根北街16号
邮政编码：100717
http://www.sciencep.com

北京汇瑞嘉合文化发展有限公司 印刷
科学出版社发行 各地新华书店经销
*

2019年11月第 一 版 开本：889×1194 1/16
2019年11月第一次印刷 印张：14
字数：448 000

定价：210.00元
（如有印装质量问题，我社负责调换）

编　委　会

主要编著者

李绍平　赵　静

冯　昆　王兰英

审稿者

卯晓岚　王贺祥　张金霞

编著者（按姓氏笔画排序）

王兰英　巨瑶君　冯　昆　吕广萍　乔春风

李绍平　张天方　孟兰贞　赵　静　胡德俊

曹凯悦　章江生　韩东岐　谢　静

序一

　　菌物作为真核生物的第三极，其数量庞大、形态多样、色彩绚丽、结构精巧，是地球生物圈中不可或缺的生命体！人们对生物认知伊始，菌物隶属植物，随着研究工具的发明、研究手段的改进和人们认知水平的提高，先是将其归于三界中的原生生物界，四界、五界中的真菌界。至晚近三原界系统的提出，加之分子生物学技术的发展，人们确立了两域系统，即原核域（细菌界和古核生物界）和真核域（原生生物界、茸鞭生物界、动物界、植物界和真菌界），将其归于真核域真菌界。随着科学技术的不断进步，一些新的生物类群不断被发现，但传统上由菌物学家研究的类群大致包括了真菌界及原生生物界和鞭毛生物界的一些类群。蕈菌是对菌物学家研究类群的一个泛称，也是一种雅称。在中文的文字表述中有三十几个字可以涉及，如芝、栭、菇、蕈等等，学术界对这一类又称为大型菌物，亦即"a macrofungus with a distinctive fruiting body which can be either hypogeous or epigeous, large enough to be seen with the naked eye and to be picked by hand"。这里强调了肉眼可见，手可采摘。按照这一标准应该是指子囊菌中的虫草、羊肚菌、盘菌、块菌，担子菌中的伞菌、马勃、牛肝菌、珊瑚菌、多孔菌等等。其实，按此标准一些大型肉眼可见的植物病原菌和黏菌也应归入其中。

　　我国对这一大类生物的描摹、记载是和对它们的认知相一致的，我在《中国大型菌物资源图鉴》一书的概述中，已有一个较为详尽的总结（见该书概述部分的4~6页）。尤其是近年各地大到一个区域、小到一个山头，都陆续出版了各类特色的菌类志书、图鉴、图谱等等。但是回顾这些精彩纷呈的历史，不能不觉有其缺憾！海峡两岸暨香港、澳门只有澳门没有其专著！

　　提起澳门，"七子之歌·澳门"的乐声就会回响耳畔，大三巴的景色就会映入眼帘，博彩业带来的繁华，海边细浪轻拍的悠远都会让人流连忘返！澳门是中华人民共和国两个特别行政区之一，以博彩旅游业闻名于世界，被称为"东方蒙地卡罗"，历史悠久，生态环境良好。澳门全境由澳门半岛、氹仔、路环及路氹城四大部分（区域）所组成，三面环海，地貌类型由低丘陵和平地组成；地势南高北低，具有热量丰富、水汽充沛、高温多雨的气候特点，属亚热带海洋季风气候，同时亦带有热带气候的特性，年平均气温 22.3℃，春夏季潮湿多雨，不仅使得各种植物生长繁茂，同样更是非常适合真菌生长。除高楼林立、华灯璀璨、车水马龙的现代都市景观，澳门的山间林地、环山野径、公园草坪等处广泛生长着形态各异、色彩缤纷的蕈菌，构成了澳门独具魅力的一道亮丽自然风景。

李绍平教授正是抓住这道亮丽自然风景线的有志者！有心人！用他生物学者的敏锐目光、药学家对资源的不懈追求并持之以恒的工作精神，用科学家的那颗良心、启迪者细致入微的研究，向广大读者推介了澳门蕈菌！

李绍平博士是澳门大学的杰出教授，中药质量研究国家重点实验室（澳门大学）副主任。绍平教授也是美国草药典顾问、中国药典委员、国际中医药学会理事、中国药学会理事、药物分析专业委员会副主任委员、中国菌物学会理事、中国茶叶学会理事、学术委员会委员等，在多个专业委员会担任领导职务。他是 10 多个药学、中药学、食品科学等领域主流期刊的主编、副主编及编委。发表了 300 多篇论文（SCI）及主（副）编了中英文专著 4 部，参编英文专著 10 余部，获得授权发明专利 20 多项。他是名副其实、学有所长、术有专攻、成绩斐然、硕果累累的业内精英！

当绍平教授把《澳门蕈菌》付梓之前的样书放在我案头之际，感动之情、欣赏之心顿时油然而生！我们菌物学科又增添了一颗耀眼的新星！这不禁让我想起几年前张树庭教授把他和卯晓岚先生合著的《香港蕈菌》一书（1995 年）亲自签名惠赠时的情景！两个特别行政区的两部专著，缺一不可！绍平教授用他的辛勤工作，终于把这一缺憾作了精彩弥补！成就了珠联璧合之美，可谓相得益彰！

《澳门蕈菌》以图文并茂的形式，收录记载了澳门蕈菌 27 科 52 属 101 种，彩色图片 282 张，较为详细地描述了其形态特征、生态习性、化学成分、活性用途、毒性等，作者以其专业优势不仅填补了澳门地区大型菌物资源调查的空白，更为利用现代科学技术克服资源匮乏发展中医药，进而为大健康产业服务提供了有价值的借鉴。

"龙吟虎啸众乐奏，神芝瑞草生奇葩"。在时下众多图志、图鉴、图谱精彩纷呈的耀眼光芒下，也不乏粗制滥造、错讹频现、将人导入歧途、误人子弟之作。但《澳门蕈菌》的作者，以其严谨的治学态度、精美的写实风格，用其辛勤的汗水和心血浇铸成了令人眼前一亮的这部佳作，呈现给业界。可喜，可贺！

付梓之前，嘱我写上数语，是为序！

李玉

中国工程院院士
国际药用菌学会主席

序二

　　澳门是世界上最长寿的城市之一，这或许与澳门人注重保健的饮食习惯密不可分。中医药作为我国独特的卫生资源、潜力巨大的经济资源，具有原创优势的科技资源、优秀的文化资源和重要的生态资源，业已成为澳门特区政府推动澳门经济适度多元化的重要发展战略及新兴产业之一。回归以来，在中央和内地有关方面支持下，澳门中医药产业逐步起步发展，在人才培养、科研发展、国际平台搭建等方面，取得务实成效。2002年，澳门大学成立了中华医药研究院。2011年，中药质量研究国家重点实验室正式挂牌成立，澳门拥有了中医药领域第一个国家重点实验室。然而，中医药资源匮乏一直是澳门中药产业发展的瓶颈之一。

　　蕈菌如冬虫夏草、灵芝、云芝、猪苓、茯苓、桑黄、猴头菇、香菇等是重要的制药原料，也多是名贵中药材资源。现代生物技术可实现蕈菌产业化栽培和持续利用，是澳门具有原创优势的中药产业化发展之路。李绍平教授于2002年加入澳门大学中华医药研究院，多年致力于澳门中药质量研究和产业化发展，深知缺乏中药资源是澳门中药产业化的一个重要制约因素。其团队在实践中探索澳门中医药发展之路，在中药质控指标发现技术、对照品替代策略及中药样品规范化制备和糖分析方面均形成自己的研究特色，并结合澳门气候特点，耗时10余年对澳门地区蕈菌多样性进行了调查和研究，为澳门蕈菌研究、驯化利用、环境保护奠定了基础。李教授是中国菌物学会理事、国际药物分析领域知名学者，其团队在蕈菌研究方面成绩卓著。根据Web of Science，截止到2019年8月，李教授团队不仅冬虫夏草相关论文数量居全球前列，还分别贡献了论文他引量和H因子的7.2%和9.8%，开发了具原创优势的UM01新菌株。在灵芝研究方面，李教授团队利用自主创建的"糖谱"专利技术，与美国药典委员会合作，成功对美国市场膳食补充剂灵芝质量进行了评价，引起美国业界的关注，使他们认识到新技术对保证产品质量的重要性。

　　《澳门蕈菌》的出版，是澳门科技界的一件大事，其不仅填补了澳门大型真菌资源的空白，也为澳门发展中医药产业、利用现代生物技术解决天然药用资源匮乏的问题提供了有益思路，更是澳门回归20周年自主科研发展成绩的一个缩影。有感于此，欣然作序。

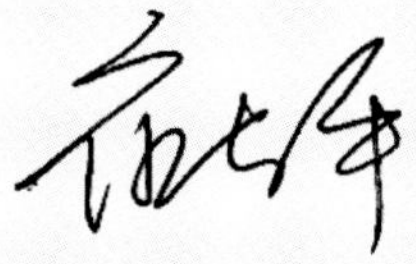

全国人大代表、澳门特区立法会议员

澳门科学技术协进会理事长

博士

代序

——《澳门蕈菌》记

一、澳门蕈菌调查

2002年，澳门大学在澳门特区政府支持下，由王一涛教授创建了澳门大学中华医药研究院，专注于中华医药研究和生物医药研究生教育。作为研究院首位入职的学术老师，本人见证了澳门大学乃至澳门的中医药研究发展历程。借此拙作出版之机，回顾此书形成的点点滴滴，以谢为此书付出辛劳的老师和同学们。感谢澳门基金会对本书出版的支持，感谢澳门科技发展基金对有关菌物研究项目的支持。

澳门地处珠江口西岸，北回归线以南的低纬度地区。全境三面环海，地势南高北低，具有热量丰富、水汽充沛、高温多雨的气候特点，年平均气温22.3℃，春夏季潮湿多雨，不仅各种植物生长繁茂，更是非常适合蕈菌生长。记得那是2008年6月7日一个雨后的傍晚，学生章江生和我一起沿着路环龙爪角的环山径漫步，无意中，路边朽木上洁白的银耳吸引了我们（图1），也触发了我对澳门蕈菌的关注。

回归以后，澳门特区政府大力推动中医药发展的大好形势和澳门缺乏中药资源的现状，使已从事冬虫夏草研究10多年的我猛然意识到，未来澳门的中药产业发展，要想摆脱资源限制的瓶颈，发展蕈菌产业应该是重要方向。实际上，我国幅员辽阔、蕈菌资源丰富，现代生物技术是保证其资源可持续利用、发展的动力。全国各地包括香港、台湾多有蕈菌资源记录，如《中国大型真菌》、

图1 路环龙爪角环山径的银耳

《中国蕈菌》、《香港蕈菌》和《台湾野生菇彩色图鉴》等，唯独澳门在蕈菌资源调查和分类研究方面是空白。有鉴于此，本人即产生调查收集澳门蕈菌资源信息，建立澳门蕈菌菌种资源库，以促进澳门未来中药产业化发展的想法。

自此，我和我的学生们除了日常的实验室研究外，每逢周末和假日就3～5人一组（图2、图3），遍寻澳门的山边、林间、草地、朽木等，调查澳门蕈菌资源。澳门虽小，但野外调查仍然是十分辛苦的。调查小组早出晚归，饱受风吹日晒雨淋，雨后道路湿滑，不小心就容易摔倒，但无论多么疲乏、劳累，都抵挡不住大家看到蘑菇（蕈菌）后的喜悦及对蕈菌调查工作的一丝不苟（图4～图8）。白天野外调查已疲惫不堪，晚上回到实验室还要及时分离菌种、制作标本，同学们时常忙到深夜。

澳门雨季的天气变化很快，骄阳似火的天空可以瞬间下起瓢泼大雨，毫无征兆，但风吹日晒雨淋对调查队员来说习以为常，他们乐在其中（图9）。

实际上，走在湿热的山间小道，最让人难以忍受的是挥之不去的蚊虫。澳门的蚊子没有嗡嗡的声音，总是悄无声息地粘在你身体裸露部位叮咬，让人防不胜防，即便是涂抹了驱蚊水也没有什么作用。被叮咬部位，很快就会红肿，奇痒无比，数天难消，调查队员深受其苦（图10）。

蚊虫叮咬虽不可避免但却还不是最可怕的，遇蛇的经历常让大家后怕而心有余悸。第一次遇到蛇是在大潭山，落日的余晖斜照在雨后的山坡上，队员们拖着疲惫的身躯沿着山间小路往回走。一声"蛇"惊动众人，大家定睛一看，一条一米多长，比大拇指还粗的土灰色带有花纹的蛇（应是毒蛇）在两位队

图2　本书编著者野外蕈菌调查时合影

自左至右：冯昆、李绍平、王兰英、赵静

图 3　考察过程中队员合影

图4～图8　蕈菌调查队员们辛苦并快乐地认真工作

图9　调查队员冒雨进行蕈菌调查

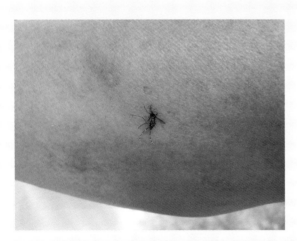

图10　被蚊子叮咬后形成的红肿及被拍死的花蚊

员间横穿而过，很快消失在草丛里。走在后面的队员差点踩上，吓得大惊失色。此后，队员们上山都更加小心谨慎，每次会先用木棍在杂草中试探，以便打草惊蛇。即便如此，队员们还是第二次碰到了蛇。那是在九澳水库旁边一块平坦的沙地上，在几根露出地面三四十厘米的朽木桩上，发现了生长中的灵芝菌，菌盖肥厚，周边白色分外醒目。兴奋的队员冲过去就准备拍摄灵芝菌，却突然发现一条褐色斑点花纹的蛇盘绕在灵芝的下面，吓得倒退几步。受惊的蛇迅速游走，惊恐的队员虽许久才平静下来，还是及时留下了这条蛇的身影（图11）。

　　澳门是世界人口最密集的城市之一，除了高楼林立、华灯璀璨、车水马龙的现代都市景观，山间林地、环山野径、公园草坪等处生长的形态各异、色彩缤纷的蕈菌，构成了一道亮丽的自然风景（图12）。

　　平地蘑菇观察、拍照还算方便，可有些蘑菇生长在较高的树干上，为了拍摄到高质量的照片，考察队员也是拼了。瞧，这张"猴子望月"就很有型（图13）。

　　由于降雨和温度等不同，每年蕈菌的种类也各异。为了充分了解澳门蕈菌的种类，坚持多年考察是必需的。此间，我们不仅明确了澳门蕈菌的情况，也充分领略了澳门风光，见证了澳门建设发展，丰富了学习研究生活（图14～图21）。

图 11　受惊逃走的蛇

图 12　草地上的蘑菇圈

图 13　考察队员在拍摄树上的蕈菌

图 14～图 21 澳门风光

　　蕈菌的生命力之顽强令人震撼，很难想象，即使没有粗壮的根系，柔软的身体竟然也能顶破坚硬的地表而生长（图22、图23）。

图22、图23　生命力强大的蕈菌

蕈菌鉴定是个专业性极强的工作，为此，我们曾邀请著名大型真菌分类学家、中国科学院微生物研究所研究员卯晓岚先生，北京食用菌协会名誉会长、中国农业大学王贺祥教授，以及中国农业科学院食用菌遗传育种与农业微生物资源与利用创新团队首席科学家、国家食用菌产业技术体系首席科学家张金霞研究员，到澳门，对我们采集的蕈菌进行为期一周的分类鉴定和实际调查。卯先生认真专业的工作态度，令我们至今记忆犹新。他分类鉴定一丝不苟，传授知识毫无保留（图24～图33），但澳门蕈菌的调查研究还有很多工作要做，如蕈菌变化与环境关系尚未了解、更多的蕈菌有待进一步鉴定等（图34～图49）。卯先生对我们开展的澳门蕈菌调查工作高度认可，欣然挥毫为计划中的《澳门蕈菌》题写书名（图50）。

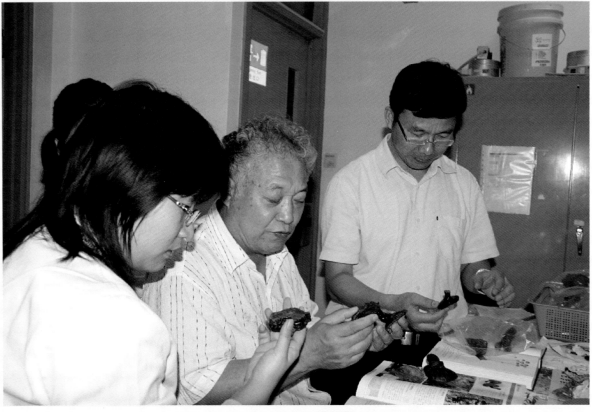

图 24～图 33　卵晓岚先生在澳门考察鉴定蕈菌

图 34～图 36　假芝 *Amauroderma* sp.

图 37～图 39　粉褶菌 *Entoloma* sp.

图 40～图 42　环柄菇 *Lepiota* sp.

图43～图46　多孔菌 *Polyporus* sp.

图 47～图 49　发网菌 *Stemonitis* sp.

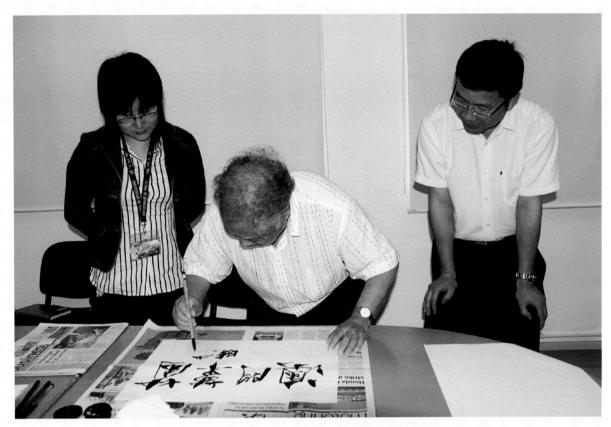

图 50 卯晓岚先生题写《澳门蕈菌》书名

二、澳门蕈菌研究

为解决澳门中医药产业发展缺乏中药资源的问题，本人研究团队在大力开展中药质量研究、推动中药国际标准建立的同时，建立了澳门唯一的蕈菌研究团队，开展了澳门蕈菌资源调查、蕈菌标本采集、菌种分离纯化、重要菌类资源发酵培育、药理作用与活性成分发现及质量控制研究，旨在开展蕈菌资源保护与利用，促进产业发展。

1. 菌种分离保藏

研究团队历时 10 余年，调查采集了全澳蕈菌资源，共收集蕈菌标本 200 余种，从中分离纯化菌株 100 余种，建立了澳门蕈菌资源菌种保藏库（图 51～图 53）。详细记录了菌种编号、采集信息和菌种纯化保存日期等重要信息，相应菌株部分保留了对应的标本，标本采用冷冻干燥、甲醛浸泡等方法保存。此外，团队还针对珍稀中药资源分离纯化内生真菌，丰富了菌库资源。

2. 蕈菌研究

2.1 虫草类研究

冬虫夏草为虫生真菌，是名贵传统中药。由于天然虫草的稀有及其显著的药用价值，长期以来，广

自分菌种保藏

制表人：王兰英   时间：2011 年 07 月 29 日

编号	菌种名	菌种采集编号	接种日期	保存日期	采集地	备注（子实体与菌丝）
QC37		D-5.2-2	2011/5/27	2011/6/2	大潭山 D	
QC38		D-5.2-3	2011/5/27	2011/6/4	大潭山 D	
QC39		D-5.16-2	2011/5/27	2011/6/5	大潭山 D	

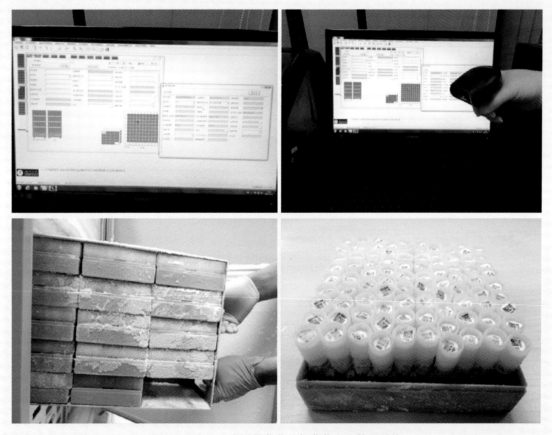

图 51～图 53　澳门蕈菌菌种保藏信息和管理系统

大科研工作者一直致力于人工虫草的研究。至今已从天然虫草中分离出 10 多个属数十种真菌，国家食品药品监督管理总局已批准与虫草相关的产品 50 多种，部分真菌的发酵菌丝产品广销于亚洲其他国家乃至欧美市场。另外，同属的其他虫草如北虫草也被广泛应用。因此，为保证虫草应用的安全性和有效性，冬虫夏草及其制品的质量控制显得尤为重要。此外，由于天然虫草价格昂贵，长期以来，虫草研究主要集中于对人工虫草的研究。事实上，要培养出优质高效的人工虫草，必须首先对天然虫草的活性成分，至少对其化学特征有清楚的认识，并以此为参照，优化人工虫草的培养。有鉴于此，我们围绕天然虫草的活性成分与化学特征开展研究，旨在为人工虫草研究提供参照，建立虫草科学合理的质量评价方法，进而发展优质高效的人工虫草及其产品。在论文题目中以 Cordyceps 或 Ophiocordyceps 为检索词，2019 年 10 月 25 日从 Web of Science 数据库共检索出论文 1543 篇，其中本人团队贡献 34 篇，占 2.2%，位居论文数第一；34 篇虫草论文总他人引用 1588 次（篇均 52.4 次），占 Web of Science 虫草论文总他引次数（13 279 次，篇均 16.4 次）12.0%；编写英文和中文专著书稿 4 章节；申请发明专利 6 项，3 项已获授权。

1）虫草发酵与培养

课题组从青海产天然虫草中分离的 UM01 菌株具有明显的免疫促进作用，现正加强产业化转化（图 54）。

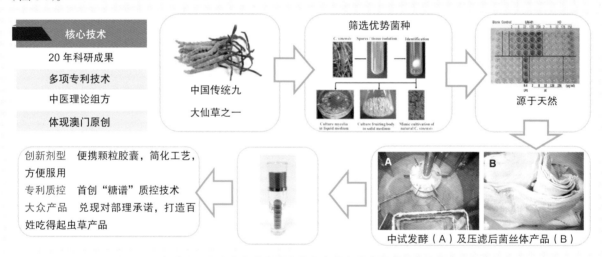

图 54　虫草菌 UM01 产业化研究进程

课题组也利用蚕蛹为寄主，进行人工蛹虫草培养（图 55），探索不同培养基质对蛹虫草活性成分的影响，以及以蚕虫培植蛹虫草生长不同阶段主要活性成分变化等，以期为虫草研究提供参考。

2）巨噬细胞受体垂钓技术筛选虫草免疫调节活性成分

虫草是传统的名贵补益中药，有免疫增强与抗衰老作用，而现代医学认为，衰老与免疫关系密切。因此，我们应用巨噬细胞受体垂钓技术结合高效液相色谱 - 质谱联用（HPLC/MS）技术筛选虫草免疫活性成分，从虫草提取物中鉴定出两个与巨噬细胞可特异性结合的成分——腺苷和鸟苷。细胞免疫药理研究表明，腺苷和鸟苷对小鼠巨噬细胞中 NO、肿瘤坏死因子 α 和白介素 -1β 的释放有显著性影响，具有明显的免疫调节作用。

3）虫草核苷类成分分析

腺苷是《中华人民共和国药典》中虫草质量评价指标，巨噬细胞受体垂钓研究也表明，腺苷和鸟苷

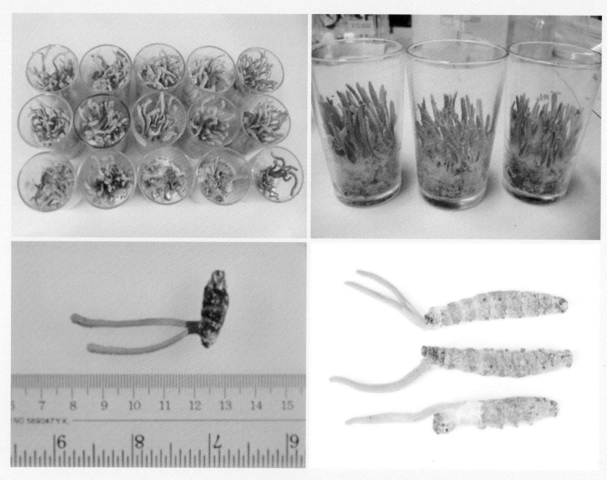

图 55　以蚕蛹为培养基的人工蛹虫草（北虫草）

具有明显的免疫调节作用。实际上，作用于腺苷受体的核苷类似物具有广泛的药理作用（Jacobson KA, Gao ZG. Adenosine receptors as therapeutic targets. Nature Reviews Drug Discover, 2006, 5: 247-264），且这些作用与虫草的传统功效（如对免疫、心血管、肾脏和神经系统等功能的影响）具有高度的一致性。因此，核苷应是冬虫夏草主要活性成分之一，建立准确可靠的虫草核苷类成分分析方法，是了解虫草核苷类成分特征的前提。为此，我们建立了一系列虫草核苷类成分的分析方法。通过比较与优化，明确了不同分析方法的特点与适用范围，为虫草核苷类成分分析提供了有效的方法。

4）虫草核苷类成分的变化与来源

大量分析结果均表明，人工虫草中核苷类成分的含量明显高于天然虫草。但我们研究结果提示，天然和人工虫草的核苷类成分来源可能存在差异。为此，我们采用酸水解结合 HPLC 分析，比较了天然和人工虫草中碱基的含量，考察并发现了不同样品处理方法对核苷含量测定的影响，建立了表征天然冬虫夏草特征的质量评价方法，并获得中国专利，阐明了虫草中核苷类成分的变化规律。

5）天然和人工虫草中核苷类成分组合物药理作用特征

综合对天然和人工虫草的分析结果，我们发现，天然和人工虫草核苷类成分及其比例明显不同。为此，我们分别以天然和人工虫草中的主要核苷成分与含量比例，制备了两个分别模拟天然和人工虫草的核苷组合物，并进行了相关的免疫药理研究。研究发现，两个核苷组合物对正常巨噬细胞在一定浓度范围内均有明显的免疫增强作用，但超过一定的浓度，人工虫草特征核苷组合物即显示免疫抑制活性，而天然虫草特征核苷组合物则变化不明显；对脂多糖（LPS）激活的巨噬细胞，人工虫草特征核苷组合物具明显的免疫抑制作用，而天然虫草特征核苷组合物则作用不明显。结果提示，中药作用特点与其量及各成分比例密切相关，为中药质量控制思路提供有益借鉴。相关研究结果申请了两项中国专利。

6）不同来源虫草真菌的核苷类成分及水提物免疫活性特征

针对从虫草中分离出多属不同真菌及市场上虫草产品来源菌种的多样性特点，我们采用随机扩增多态性DNA（RAPD）方法比较20株虫草来源菌种差异的同时，应用HPLC法分析了虫草来源的不同真菌核苷类成分及其水提物对巨噬细胞功能的影响。研究发现，虫草来源的不同真菌产生的核苷类成分特征高度相似，但与天然虫草有明显不同。不同虫草来源真菌菌丝体对巨噬细胞功能的影响有明显差异，多糖为其主要活性成分。结果提示，人工虫草的质量评价不能仅以核苷类成分为指标，多糖应作为虫草质量评价指标之一。

7）虫草多糖的研究

我们的研究还表明，虫草多糖具有保护大鼠嗜铬细胞瘤细胞（PC12）免受氧化损伤和降血糖等作用。因此，多糖应为虫草质量评价的重要指标。由于多糖的复杂性，长期以来，对中药多糖的研究进展不大，特别是缺乏有效的定性分析方法，无法有效区分不同来源的中药多糖。为此，我们借鉴蛋白质研究方法，创造性地建立了糖谱，并成功应用于多种不同来源多糖的鉴别，申请了中国专利，发现了天然和人工虫草多糖的特征差异。

8）虫草中其他成分的研究

我们曾对2kg天然虫草进行过系统化学分离，遗憾的是，除了甘露醇、核苷和固醇等，未发现天然虫草特征小分子化合物。结合气相色谱-质谱联用（GC-MS）技术和HPLC分析，分别对虫草中的脂肪酸和固醇类化合物、游离和结合碳水化合物进行了定性和定量分析，至此，已对虫草中近40种化合物进行了定量分析。

9）已发表虫草研究论文

1. Wang LY, Liang X, Zhao J, Wang Y, Li SP. Dynamic analysis of nucleosides and carbohydrates during developmental stages of *Cordyceps militaris* in silkworm (*Bombyxmori*). *Journal of Aoac International* 2019, *102*, 741-747.

2. Wu DT, Lv GP, Zheng J, Li Q, Ma SC, Li SP, Zhao J. *Cordyceps* collected from bhutan, an appropriate alternative of *Cordyceps sinensis*. *Scientific Reports* 2016, *6*.

3. Cheong KL, Wang LY, Wu DT, Hu DJ, Zhao J, Li SP. Microwave-assisted extraction, chemical structures, and chain conformation of polysaccharides from a novel *Cordyceps sinensis* fungus UM01. *Journal of Food Science* 2016, *81*, C2167-C2174.

4. Cheong KL, Meng LZ, Chen XQ, Wang LY, Wu DT, Zhao J, Li SP. Structural elucidation, chain conformation and immuno-modulatory activity of glucogalactomannan from cultured *Cordyceps sinensis* fungus UM01. *Journal of Functional Foods* 2016, *25*, 174-185.

5. Wang LY, Cheong KL, Wu DT, Meng LZ, Zhao J, Li SP. Fermentation optimization for the production of bioactive polysaccharides from *Cordyceps sinensis* fungus UM01. *International Journal of Biological*

Macromolecules 2015, *79*, 180-185.

6. Zhao J, Xie J, Wang LY, Li SP. Advanced development in chemical analysis of *Cordyceps*. *Journal of Pharmaceutical and Biomedical Analysis* 2014, *87*, 271-289.

7. Wu DT, Xie J, Wang LY, Ju YJ, Lv GP, Leong F, Zhao J, Li SP. Characterization of bioactive polysaccharides from *Cordyceps militaris* produced in china using saccharide mapping. *Journal of Functional Foods* 2014, *9*, 315-323.

8. Wu DT, Meng LZ, Wang LY, Lv GP, Cheong KL, Hu DJ, Guan J, Zhao J, Li SP. Chain conformation and immunomodulatory activity of a hyperbranched polysaccharide from *Cordyceps sinensis*. *Carbohydrate Polymers* 2014, *110*, 405-414.

9. Wu DT, Cheong KL, Wang LY, Lv GP, Ju YJ, Feng K, Zhao J, Li SP. Characterization and discrimination of polysaccharides from different species of *Cordyceps* using saccharide mapping based on PACE and HPTLC. *Carbohydrate Polymers* 2014, *103*, 100-109.

10. Meng LZ, Feng K, Wang LY, Cheong KL, Nie H, Zhao J, Li SP. Activation of mouse macrophages and dendritic cells induced by polysaccharides from a novel *Cordyceps sinensis* fungus UM01. *Journal of Functional Foods* 2014, *9*, 242-253.

11. Meng LZ, Lin BQ, Wang B, Feng K, Hu DJ, Wang LY, Cheong KL, Zhao J, Li SP. Mycelia extracts of fungal strains isolated from *Cordyceps sinensis* differently enhance the function of raw 264.7 macrophages. *Journal of Ethnopharmacology* 2013, *148*, 818-825.

12. Guan J, Zhao J, Feng K, Hu DJ, Li SP. Comparison and characterization of polysaccharides from natural and cultured *Cordyceps* using saccharide mapping. *Analytical and Bioanalytical Chemistry* 2011, *399*, 3465-3474.

13. Yang FQ, Li DQ, Feng K, Hu DJ, Li SP. Determination of nucleotides, nucleosides and their transformation products in *Cordyceps* by ion-pairing reversed-phase liquid chromatography-mass spectrometry. *Journal of Chromatography A* 2010, *1217*, 5501-5510.

14. Guan J, Yang FQ, Li SP. Evaluation of carbohydrates in natural and cultured *Cordyceps* by pressurized liquid extraction and gas chromatography coupled with mass spectrometry. *Molecules* 2010, *15*, 4227-4241.

15. Yang FQ, Ge LY, Yong JWH, Tan SN, Li SP. Determination of nucleosides and nucleobases in different species of *Cordyceps* by capillary electrophoresis-mass spectrometry. *Journal of Pharmaceutical and Biomedical Analysis* 2009, *50*, 307-314.

16. Yang FQ, Feng K, Zhao J, Li SP. Analysis of sterols and fatty acids in natural and cultured *Cordyceps* by one-step derivatization followed with gas chromatography-mass spectrometry. *Journal of Pharmaceutical and Biomedical Analysis* 2009, *49*, 1172-1178.

17. Wang S, Yang FQ, Feng K, Li DQ, Zhao J, Li SP. Simultaneous determination of nucleosides, myriocin, and carbohydrates in *Cordyceps* by HPLC coupled with diode array detection and evaporative light scattering detection. *Journal of Separation Science* 2009, *32*, 4069-4076.

18. Feng K, Wang S, Hu DJ, Yang FQ, Wang HX, Li SP. Random amplified polymorphic DNA (RAPD) analysis and the nucleosides assessment of fungal strains isolated from natural *Cordyceps sinensis*. *Journal of*

Pharmaceutical and Biomedical Analysis 2009, *50*, 522-526.

19. Yang FQ, Li SP. Effects of sample preparation methods on the quantification of nucleosides in natural and cultured *Cordyceps*. *Journal of Pharmaceutical and Biomedical Analysis* 2008, *48*, 231-235.

20. Yu L, Zhao J, Zhu Q, Li SP. Macrophage biospecific extraction and high performance liquid chromatography for hypothesis of immunological active components in *Cordyceps sinensis*. *Journal of Pharmaceutical and Biomedical Analysis* 2007, *44*, 439-443.

21. Yang FQ, Li SP, Li P, Wang YT. Optimization of cec for simultaneous determination of eleven nucleosides and nucleobases in *Cordyceps* using central composite design. *Electrophoresis* 2007, *28*, 1681-1688.

22. Yang FQ, Guan J, Li SP. Fast simultaneous determination of 14 nucleosides and nucleobases in cultured *Cordyceps* using ultra-performance liquid chromatography. *Talanta* 2007, *73*, 269-273.

23. Fan H, Yang FQ, Li SP. Determination of purine and pyrimidine bases in natural and cultured *Cordyceps* using optimum acid hydrolysis followed by high performance liquid chromatography. *Journal of Pharmaceutical and Biomedical Analysis* 2007, *45*, 141-144.

24. Yu L, Zhao J, Li SP, Fan H, Hong M, Wang YT, Zhu Q. Quality evaluation of *Cordyceps* through simultaneous determination of eleven nucleosides and bases by RP-HPLC. *Journal of Separation Science* 2006, *29*, 953-958.

25. Li SP, Zhang GH, Zeng Q, Huang ZG, Wang YT, Dong TTX, Tsim KWK. Hypoglycemic activity of polysaccharide, with antioxidation, isolated from cultured *Cordyceps* mycelia. *Phytomedicine* 2006, *13*, 428-433.

26. Li SP, Yang FQ, Tsim KWK. Quality control of *Cordyceps sinensis*, a valued traditional chinese medicine. *Journal of Pharmaceutical and Biomedical Analysis* 2006, *41*, 1571-1584.

27. Fan H, Li SP, Xiang JJ, Lai CM, Yang FQ, Gao JL, Wang YT. Qualitative and quantitative determination of nucleosides, bases and their analogues in natural and cultured *Cordyceps* by pressurized liquid extraction and high performance liquid chromatography-electrospray ionization tandem mass spectrometry (HPLC-ESI-MS/MS). *Analytica Chimica Acta* 2006, *567*, 218-228.

28. Li SP, Song ZH, Dong TTX, Ji ZN, Lo CK, Zhu SQ, Tsim KWK. Distinction of water-soluble constituents between natural and cultured *Cordyceps* by capillary electrophoresis. *Phytomedicine* 2004, *11*, 684-690.

29. Li SP, Li P, Lai CM, Gong YX, Kan KKW, Dong TTX, Tsim KWK, Wang YT. Simultaneous determination of ergosterol, nucleosides and their bases from natural and cultured *Cordyceps* by pressurised liquid extraction and high-performance liquid chromatography. *Journal of Chromatography A* 2004, *1036*, 239-243.

30. Gong YX, Li SP, Li P, Liu JJ, Wang YT. Simultaneous determination of six main nucleosides and bases in natural and cultured *Cordyceps* by capillary electrophoresis. *Journal of Chromatography A* 2004, *1055*, 215-221.

31. Li SP, Zhao KJ, Ji ZN, Song ZH, Dong TTX, Lo CK, Cheung JKH, Zhu SQ, Tsim KWK. A polysaccharide isolated from *Cordyceps sinensis*, a traditional chinese medicine, protects PC12 cells against

hydrogen peroxide-induced injury. *Life Sciences* 2003, *73*, 2503-2513.

32. Li SP, Su ZR, Dong TTX, Tsim KWK. The fruiting body and its caterpillar host of *Cordyceps sinensis* show close resemblance in main constituents and anti-oxidation activity. *Phytomedicine* 2002, *9*, 319-324.

33. Li SP, Li P, Dong TTX, Tsim KWK. Determination of nucleosides in natural *Cordyceps sinensis* and cultured *Cordyceps* mycelia by capillary electrophoresis. *Electrophoresis* 2001, *22*, 144-150.

34. Li SP, Li P, Dong TTX, Tsim KWK. Anti-oxidation activity of different types of natural *Cordyceps sinensis* and cultured *Cordyceps* mycelia. *Phytomedicine* 2001, *8*, 207-212.

2.2　灵芝研究

灵芝又称灵芝草、神芝、芝草、仙草、瑞草，是多孔菌科植物赤芝或紫芝的子实体。《神农本草经》记载：灵芝有紫、赤、青、黄、白、黑六种，性味甘平。中国古代认为灵芝具有长生不老、起死回生的功效，视为仙草，在补气养血、补肝理气、调经活血等方面有着良好的功效。灵芝一般生长在湿度高且光线昏暗的山林中，主要生长在腐树或是其树木的根部。灵芝一词最早出现在东汉张衡《西京赋》："浸石菌于重涯，濯灵芝以朱柯"，澳门常见的灵芝属蕈菌有热带灵芝、黑芝等。基于比较化学与比较药理学相结合的中药效应成分发现策略，也称为谱效关系研究，即通过对同一中药不同提取方法或相近中药同一提取方法得到的化学组分相似、含量各异的系列提取物化学分析和功效评价，再经对各提取物中化学成分的组（组成）分（含量）与其效应关系的比较分析，以明确影响效应的关键物质。该方法具有：①模型适用性强，有利于效应评价方法的灵活性；②可辨识各种效应物质，包括活性成分和辅助成分。通过对赤芝和紫芝的比较研究发现：三萜类成分是灵芝细胞毒作用物质基础，多糖是灵芝免疫促进活性成分，但两种灵芝中多糖类成分免疫促进活性有差异；固醇/脂肪酸可能与灵芝抗肿瘤作用有关。对采自澳门的热带灵芝菌株培养发现其生长良好（图56）。

1～10 天

10～40 天

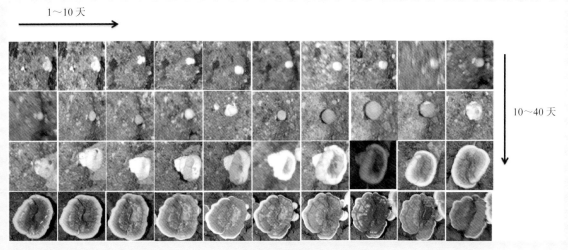

图 56　热带灵芝生长情况

课题组发表的灵芝研究论文如下。

1. Chen LX, Chen XQ, Wang SF, Bian Y, Zhao J, Li SP. Analysis of triterpenoids in *Ganoderma resinaceum* using liquid chromatography coupled with electrospray ionization quadrupole time-of-flight mass spectrometry.

International Journal of Mass Spectrometry 2019, *436*, 42-51.

2. Chen XQ, Zhao J, Chen LX, Wang SF, Wang Y, Li SP. Lanostane triterpenes from the mushroom *Ganoderma resinaceum* and their inhibitory activities against alpha-glucosidase. *Phytochemistry* 2018, *149*, 103-115.

3. Chen XQ, Lin LG, Zhao J, Chen LX, Tang YP, Luo DL, Li SP. Isolation, structural elucidation, and alpha-glucosidase inhibitory activities of triterpenoid lactones and their relevant biogenetic constituents from *Ganoderma resinaceum*. *Molecules* 2018, *23*.

4. Wu DT, Deng Y, Chen LX, Zhao J, Bzhelyansky A, Li SP. Evaluation on quality consistency of *Ganoderma lucidum* dietary supplements collected in the united states. *Scientific Reports* 2017, *7*.

5. Chen XQ, Chen LX, Zhao J, Tang P, Li SP. Nortriterpenoids from the fruiting bodies of the mushroom *Ganoderma resinaceum*. *Molecules* 2017, *22*.

6. Chen XQ, Chen LX, Li SP, Zhao J. A new nortriterpenoid and an ergostane-type steroid from the fruiting bodies of the fungus *Ganoderma resinaceum*. *Journal of Asian Natural Products Research* 2017, *19*, 1239-1244.

7. Chen XQ, Chen LX, Li SP, Zhao J. Meroterpenoids from the fruiting bodies of higher fungus *Ganoderma resinaceum*. *Phytochemistry Letters* 2017, *22*, 214-218.

8. Meng LZ, Xie J, Lv GP, Hu DJ, Zhao J, Duan JA, Li SP. A comparative study on immunomodulatory activity of polysaccharides from two official species of *Ganoderma* (lingzhi). *Nutrition and Cancer-an International Journal* 2014, *66*, 1124-1131.

9. Wu DT, Xie J, Hu DJ, Zhao J, Li SP. Characterization of polysaccharides from *Ganoderma* spp. Using saccharide mapping. *Carbohydrate Polymers* 2013, *97*, 398-405.

10. Xie J, Zhao J, Hu DJ, Duan JA, Tang YP, Li SP. Comparison of polysaccharides from two species of *Ganoderma*. *Molecules* 2012, *17*, 740-752.

11. Qian Z, Zhao J, Li D, Hu D, Li S. Analysis of global components in *Ganoderma* using liquid chromatography system with multiple columns and detectors. *Journal of Separation Science* 2012, *35*, 2725-2734.

12. Lv GP, Zhao J, Duan JA, Tang YP, Li SP. Comparison of sterols and fatty acids in two species of *Ganoderma*. *Chemistry Central Journal* 2012, *6*.

13. Liu YW, Gao JL, Guan J, Qian ZM, Feng K, Li SP. Evaluation of anti proliferative activities and action mechanisms of extracts from two species of *Ganoderma* on tumor cell lines. *Journal of Agricultural and Food Chemistry* 2009, *57*, 3087-3093.

14. Gao JL, Leung KSY, Wang YT, Lai CM, Li SP, Hu LE, Lu GH, Jiang ZH, Yu ZL. Qualitative and quantitative analyses of nucleosides and nucleobases in *Ganoderma* spp. By HPLC-DAD-MS. *Journal of Pharmaceutical and Biomedical Analysis* 2007, *44*, 807-811.

15. Zhao J, Zhang XQ, Li SP, Yang FQ, Wang YT, Ye WC. Quality evaluation of ganoderma through simultaneous determination of nine triterpenes and sterols using pressurized liquid extraction and high performance liquid chromatography. *Journal of Separation Science* 2006, *29*, 2609-2615.

16. 陈显强, 李绍平, 赵静. 赤芝水提取物中的三萜类成分. 中国中药杂志, 2017, 42: 1908-1915.

17. 刘戈, 冯昆, 赵静. 热带灵芝研究进展. 中国食用菌, 2014, 33: 1-5.

18. 高建莉, 禹志领, 李绍平, 王一涛. 灵芝三萜类成分研究进展. 中国食用菌, 2005, 24: 6-11.

19. 刘戈. 热带灵芝培养与化学成分研究. 澳门大学硕士学位论文. 2013.

20. 巨瑶君. 利用中药提取残渣培养热带灵芝的研究. 澳门大学硕士学位论文. 2015.

2.3 猴头菇等研究

猴头菇又名猴头菌、猴头蘑, 为担子菌门猴头菌科猴头菌属猴头菇 *Hericium erinaceus* (Bull.) Pers. 子实体, 是一种著名的药食两用真菌, 因子实体形状像猴子的脑袋, 颜色黄褐色, 故名 "猴头"。猴头菇素有 "蘑菇之王" 的美称, 人们常将其与熊掌、海参、鱼翅并列为四大名菜, 并有 "山珍猴头, 海味燕窝" 之说。《本草纲目》记载, 猴头菇性平, 味甘, 能利五脏、助消化, 有健胃、益精、补虚、抗癌之功效。课题组在澳门利用农业秸秆材料成功栽培出猴头菇, 生长良好 (图 57), 应用前景广阔。

图 57 课题组栽培的猴头菇

课题组发表的猴头菇研究论文如下。

1. Wu DT, Li WZ, Chen J, Zhong QX, Ju YJ, Zhao J, Bzhelyansky A, Li SP. An evaluation system for characterization of polysaccharides from the fruiting body of *Hericium erinaceus* and identification of its commercial product. *Carbohydrate Polymers* 2015, *124*, 201-207.

2. 陈峻. 猴头菇化学成分的初步研究. 澳门大学硕士学位论文. 2015.

3. 梁家旗, 陈江, 王兰英, 赵静, 李绍平. 发酵时间对桦褐孔菌主要活性成分的影响. 食品与发酵工业, 2019, 45: 93-96.

4. 吴定涛, 巨瑶君, 陆静峰, 赵静, 李绍平. 糖谱法比较不同产地竹荪多糖结构特征. 食品科学, 2014, 35: 98-102.

李绍平

2019 年 11 月于澳门

前言

澳门（葡文：Macau），简称澳，是中华人民共和国两个特别行政区之一，以博彩旅游业闻名于世，被称为"东方蒙地卡罗"，历史悠久，生态环境良好。澳门位于南海北岸，地处珠江口以西，东面与香港相邻。澳门全境由澳门半岛、氹仔、路环及路氹城四大部分（区域）组成，年平均气温为22.3℃，年平均降雨量为2013.1mm，年平均相对湿度为81.5%，年平均日照时数为1956.4h，属海洋性季风南亚热带气候向海洋性季风热带气候的过渡类型，非常适合真菌生长。

蕈菌，是指能形成肉质或胶质子实体或菌核的大型真菌，其大小足以让肉眼辨识，并且可徒手采摘，大多数属于担子菌亚门，少数属于子囊菌亚门。有别于澳门高楼林立、华灯璀璨、车水马龙的奢华世界，澳门的山间林地、环山野径、公园草地等广泛生长着形态各异、色彩缤纷的蕈菌，构成了澳门独具魅力的一道亮丽自然风景。但这些蕈菌，人们对其知之甚少。

中国各地包括台湾、香港都已经出版了有关大型真菌（蕈菌）的图书，唯独澳门没有关于蕈菌的资料，也没有这方面的调查研究。笔者自2005年起，坚持多年对澳门地区的大型真菌多样性进行调查和研究，了解其种类、生态分布和习性，为澳门大型真菌研究、驯化利用、环境保护提供科学依据。本书共收载经著名真菌学家卯晓岚先生鉴定的澳门蕈菌27科52属101种，配以282张彩色实物图片，较为详细地描述了其形态特征、化学成分、活性用途、毒性等。《澳门蕈菌》的出版，填补了大中华区大型真菌资源调查最后一块空白，有利于中国生态资源调查研究的完整性。同时，为澳门中医药产业发展利用现代科学优势和克服资源匮乏的问题提供了有益思路。

谨以此书的出版，向澳门回归中国20周年献礼！

目录

褐顶银白蘑菇

【拉丁学名】 *Agaricus argyropotamicus* Speg. ≡ *Psalliota argyropotamica* (Speg.) Herter

【分类地位】 担子菌门 / 蘑菇纲 / 蘑菇目 / 蘑菇科 / 蘑菇属

【形态特征】 子实体较小。菌盖初期半球形，后期呈扁半球形，直径 2～6cm，表面白色有毡状绒毛，中部具褐色近毛状鳞片，边缘表皮延伸并有明显菌幕残片。菌肉白色，伤处略变淡红褐色，有蘑菇香气味。菌褶粉红色，后期变黑褐色，离生，密，不等长。菌柄长 2～5.5cm，粗 0.3～1.3cm，圆柱形，白色，菌环以下具纤毛状鳞片且易脱落。菌环白色，单层，易脱落，生菌柄上部。孢子褐色，光滑，卵圆形至椭圆形，有 4 小梗。

【生态习性】 夏秋季于林中地上单生或群生。

【化学成分】 未见报道。

【活性用途】 可食用。

【毒　　性】 未见报道。

【实物样品】

蘑 菇

【别　　名】　雷窝子、四孢蘑菇

【拉丁学名】　*Agaricus campestris* L.

【分类地位】　担子菌门 / 蘑菇纲 / 蘑菇目 / 蘑菇科 / 蘑菇属

【形态特征】　子实体中等至稍大。菌盖初期扁半球形，后期近平展，有时中部下凹，直径 3～13cm，白色至乳白色，光滑或后期具丛毛状鳞片，干燥时边缘开裂。菌肉白色，厚。菌褶初期粉红色，后期变褐色至黑褐色，离生，较密，不等长。菌柄长 1～9cm，粗 0.5～2cm，圆柱形，有时稍弯曲，白色，近光滑或略有纤毛，中实。菌环单层，白色膜质，生菌柄中部，易脱落。孢子褐色，光滑，椭圆形至广椭圆形。

【生态习性】　春季到秋季于草地、路旁、田野、堆肥场、林间空地等单生及群生。

【化学成分】　含维生素、草酸、野菇菌素（campestrin），以及 agaritinal、甜菜碱、胆碱等生物碱。

【活性用途】　可食用，能人工栽培和利用菌丝体深层发酵培养，属优良食用菌。经常食用可预防脚气病、身体疲倦、食欲不振、消化不良及妇女在哺乳期间乳汁分泌减少，还可以预防毛细血管破裂、牙床及腹腔出血、皮肤粗糙及各种贫血病症。该种含的野菇菌素对革兰氏阳性菌、阴性菌有效，抑制金黄色葡萄球菌、伤寒杆菌和大肠杆菌并有降低血糖的作用。该种对小白鼠肉瘤 S-180 细胞和艾氏腹水癌细胞有作用。

【毒　　性】　未见报道。

【实物样品】

西平盖蘑菇

【拉丁学名】 *Agaricus meleagris* Sowerby ≡ *Leucocoprinus meleagris* (Gray) Zschiesch.

【分类地位】 担子菌门 / 蘑菇纲 / 蘑菇目 / 蘑菇科 / 蘑菇属

【形态特征】 子实体中等至大型。菌盖初期扁半球形，渐伸展后中部稍平，直径5～15cm，表面具灰色或黑褐色至浅灰色的鳞片。菌肉白色，变淡黄色或粉红色。菌褶离生，宽，密，初期浅灰色变粉红，最后变至赭色至褐黑色。菌柄长5～15cm，粗1～2cm，基部膨大近球形且菌肉黄色。菌环膜质，白色，下面棉絮状，厚，生菌柄上部。孢子印赭色。孢子光滑，褐色，卵圆形。

【生态习性】 于草地或林缘地上单生或散生。

【化学成分】 不明，有分离出吡喃糖脱氢酶。

【活性用途】 西平盖蘑菇的吡喃糖脱氢酶表现出广泛的糖底物耐受性，可以将不同的吡喃醛糖氧化成相应的C-2脱氢糖或C-2,3-二脱氢糖，对木质纤维素的分解可能起作用。

【毒　　性】 有毒。

【实物样品】

丛毛蘑菇

【别　　名】　灰鳞蘑菇

【拉丁学名】　*Agaricus moelleri* Wasser

【分类地位】　担子菌门 / 蘑菇纲 / 蘑菇目 / 蘑菇科 / 蘑菇属

【形态特征】　子实体中等至较大。菌盖初期半球形，后期近平展，中部平或稍凸，直径 5～10cm，表面污白色，具褐色、黑褐色纤毛状小鳞片，中部鳞片灰褐色，边缘有少量菌幕残物。菌肉白色，稍厚，折后不变色，墨水味。菌褶初期灰白色至粉红色，最后变黑褐色，较密，不等长，离生。菌柄长 6～7cm，圆柱形，带菌环，表面平滑或有白色的短细小纤毛，基部膨大，伤处变黄色，内部松软。菌环薄膜质，双层，生菌柄上部，白色，上面有褶纹，下面有白色短纤毛。孢子椭圆形，光滑，褐色。

【生态习性】　夏秋季生于阔叶林中地上。

【化学成分】　含苯酚。

【活性用途】　未见报道。

【毒　　性】　有毒。

【实物样品】

细褐鳞蘑菇

【拉丁学名】 *Agaricus praeclaresquamosus* Freeman

【分类地位】 担子菌门 / 蘑菇纲 / 蘑菇目 / 蘑菇科 / 蘑菇属

【形态特征】 子实体中等至较大。菌盖直径 5～10cm，初期半球形，后期近平展，中部平或稍凸，表面污白色，具有带褐色、黑褐色纤毛状小鳞片，中部鳞片灰褐色，边缘有少量菌幕残物。菌肉白色，稍厚。菌褶初期灰白至粉红色，最后变黑褐色，较密，不等长，离生。菌柄圆柱形，长 6～12cm，粗 0.8～1cm，污白色，表面平滑或有白色的短细小纤毛，基部膨大，伤处变黄色，内部松软。菌环薄膜质，双层，生柄的上部，白色，上面有褶纹，下面有白色短纤毛。孢子印黑色。孢子椭圆形至卵圆形。有褶缘囊体。

【生态习性】 夏秋季生林中地上。

【化学成分】 未见报道。

【作用用途】 未见报道。

【毒　　性】 有毒，食用后引起呕吐或腹泻等中毒症状。

【实物样品】

林地蘑菇

【别　　名】 林地菇、林地伞菌、杏仁菇

【拉丁学名】 *Agaricus silvaticus* Sch.

【分类地位】 担子菌门 / 蘑菇纲 / 蘑菇目 / 蘑菇科 / 蘑菇属

【形态特征】 子实体中等或稍大。菌盖初期扁半球形，逐渐伸展，直径 5～12cm，近白色，中部覆有浅褐色或红褐色鳞片，向外渐稀少，干燥时边缘呈辐射状裂开。菌肉白色。菌褶初期白色，渐变粉红色，后期栗褐色至黑褐色，离生，稠密，不等长。菌柄长 6～12cm，粗 0.8～1.6cm，白色，菌环以上有白色纤毛状鳞片，充实至中空，基部略膨大，伤变污黄色。菌环单层，白色，膜质，生菌柄上部或中部。孢子椭圆形，浅褐色，光滑，具芽孔。

【生态习性】 生于针叶林、阔叶林中地上。

【化学成分】 含甘露醇、有机酸、麦角固醇、过氧化麦角固醇、酚类、尿素等成分。

【活性用途】 具抗菌、抗病毒、抗癌、抗氧化、抗补体和免疫刺激作用，具类干扰素活性。

【毒　　性】 未见报道。

【实物样品】

黄 斑 蘑 菇

【别　　名】黄斑伞、黄斑黑伞

【拉丁学名】*Agaricus xanthodermus* Genev. ≡ *Pratella xanthoderma* (Genev.) Gillet

【分类地位】担子菌门 / 蘑菇纲 / 蘑菇目 / 蘑菇科 / 蘑菇属

【形态特征】子实体较大。菌盖扁半球形，开伞后平展，直径 6～13cm，白色，光滑，受伤部位变金黄色，边缘无条棱。菌肉白色，较厚，靠近表皮处及菌柄基部变黄色最明显。菌褶离生，不等长，初期白色渐变至黑色。菌柄长 7～12cm，粗 1.5～2.5cm，圆柱形，白色，伤变金黄色，基部稍膨大。菌环膜质，生菌柄上部。孢子印紫褐黑色。孢子紫褐色，光滑，椭圆形或近球形，有褶缘囊体。

【生态习性】夏秋季于林中地上或草原上单生或群生。

【化学成分】含苯酚、4,4′- 二羟基偶氮苯、4,4′- 二羟基联苯和 4- 羟基苯重氮离子（4-hydroxy benzenediazonium ion）等成分。

【活性用途】4- 羟基苯重氮硫酸盐有致癌和抗菌作用。

【毒　　性】有毒。含胃肠道刺激物，食后引起头痛及腹泻等病症。

【实物样品】

厦门假芝

【拉丁学名】 *Amauroderma amoiense* J. D. Zhao & L. W. Hsu

【分类地位】 担子菌门 / 蘑菇纲 / 多孔菌目 / 灵芝科 / 假芝属

【形态特征】 子实体较小，有柄，木栓质。菌盖近圆形或半圆形或不规则形，直径 4～7cm，厚 0.4～0.7cm，浅褐色至暗褐色，无光泽，有深浅相同的沟棱和纵皱纹，边缘完整或瓣裂。菌肉灰褐色至黑色，厚达 0.1～0.3cm。菌管长 0.1～0.3cm，菌管面暗褐色至黑褐色，管口近圆形，管面暗褐色到黑褐色，新鲜时触之变色，每毫米 5～6 个。菌柄长 5～10cm，粗 0.5～1cm，柱形或扁圆形，同盖色，弯曲、中生、偏生或侧生。皮壳结构为淡褐色的假薄壁组织，即圆胞皮壳型，组成的菌丝已失去其独立性，形成各种各样大小不等的薄壁细胞，最上边一层多透明无色。生殖菌丝无色透明，薄壁，有横膈膜。骨架菌丝淡褐色，厚壁到实心，弯曲，分枝。缠绕菌丝无色，厚壁，弯曲，分枝少。孢子近球形，无色或淡黄色，双层壁，外壁无色透明，平滑，内壁无小刺。

【生态习性】 于相思树下沙地上单生或散生。

【化学成分】 含固醇类化合物、脂肪酸及其酯、有机酸及其酯、1,5- 二羟基 -6′,6′- 二甲基吡喃并［2′,3′：3,2］叫酮（1,5-dihydroxy-6′,6′-dimethylpyrano［2′,3′：3,2］xanthone）、巴西红厚壳素（jacareubin）、7,8- 二甲基咯嗪、聚合物 amauroamoienin 和倍半萜化合物 amoienacid 等成分。

【活性用途】 具保护肝脏和镇定安神的功效，其所含的固醇类化合物对人癌细胞有一定抑制活性。巴西红厚壳素、amauroamoienin 和 amoienacid 对乙酰胆碱酯酶有一定抑制活性，(17*R*)-17- 甲基固醇和巴西红厚壳素对丁酰胆碱酯酶具一定抑制活性。

【毒　　性】 未见报道。

【实物样品】

耳匙假芝

【别　　名】　白肉假芝、耳匙乌芝

【拉丁学名】　*Amauroderma auriscalpium* (Pers.)

【分类地位】　担子菌门 / 蘑菇纲 / 多孔菌目 / 灵芝科 / 假芝属

【形态特征】　子实体小。菌盖近半圆形或近肾形，直径3～4.5cm，厚约0.6cm，表面茶褐色至暗褐色，湿润后近黑褐色，无漆样光泽，有明显带棱纹和纵皱纹，边缘钝，波浪状。菌肉淡白褐色，厚0.2～0.3cm。菌丝无色至淡褐色，有分枝，多弯曲，无隔及锁状联合。菌管面同菌肉色，长0.2～0.3cm，管口深褐色或近似锈色，略圆形，每毫米6～7个。菌柄长3～5cm，粗0.4～0.5cm，圆柱形，或有小分枝，背侧生，同盖色。孢子近球形，壁双层，外壁无色，平滑，内壁有小刺。

【生态习性】　于阔叶树附近地上散生或群生，有时单生。

【化学成分】　未见报道。

【活性用途】　未见报道。

【毒　　性】　未见报道。

【实物样品】

大瑶山假芝

【拉丁学名】 *Amauroderma dayaoshanense* J. D. Zhao & X. Q. Zhang

【分类地位】 担子菌门 / 蘑菇纲 / 多孔菌目 / 灵芝科 / 假芝属

【形态特征】 子实体中等，有柄，木栓质至木质。菌盖近半圆形或近圆形，4～6cm×5～8cm，厚0.3～0.5cm，表面污褐色、褐色到黑褐色，具较稠密的、颜色深浅相同的同心环带，无漆样光泽或新鲜标本有部分稍有漆样光泽，边缘圆钝，白色至黄白色，下面有0.3～0.5cm宽的不孕带。菌肉呈均匀的黄褐色，具轮纹。菌管长0.1～0.2cm，管面淡黄白色、黄褐色或污黄褐色，管口近圆形，每毫米5～6个。菌柄长5～10cm，粗1.5～2cm，平侧生。皮壳由淡褐色到褐色的较平行排列的菌丝构成，菌丝顶端膨大呈棍棒状。生殖菌丝无色到黄褐色。骨架菌丝厚壁到实心，淡黄褐色，分枝。缠绕菌丝无色。孢子宽椭圆形到近球形，双层壁，外壁无色透明，平滑，内壁微黄褐色，有小刺或小刺不明显。

【生态习性】 常生于倒腐木上。

【化学成分】 未见报道。

【活性用途】 未见报道。

【毒　　性】 未见报道。

【实物样品】

伊 勒 假 芝

【拉丁学名】 *Amauroderma ealaensis* (Beeli) Ryvarden

【分类地位】 担子菌门 / 蘑菇纲 / 多孔菌目 / 灵芝科 / 假芝属

【形态特征】 子实体小，有柄，木栓质。菌盖近圆形，漏斗状，直径 3～5cm，新鲜时土黄色，干后呈黄褐色，同心环有或不明显，有纵皱，稍有漆样光泽，边缘薄而锐，微波状。菌肉淡褐色至深木材色，厚 0.2～0.3cm。菌管长 0.1～0.3cm，管面灰白色，伤变黑褐色，管口多角形或不规则形，每毫米 3～5 个。菌柄长 10cm，粗 0.7cm，圆柱形，中生，无光泽。皮壳由不整齐的菌丝构成，形状各异。生殖菌丝薄壁，无色至淡黄褐色；骨架菌丝淡褐色，厚壁到实心，树状分枝；缠绕菌丝无色，厚壁，分枝。孢子近球形或宽椭圆形，双层壁，外壁透明，平滑，内壁淡褐色，无小刺或小刺不明显。

【生态习性】 生于热带雨林中地下腐木上。

【化学成分】 未见报道。

【活性用途】 未见报道。

【毒　　性】 未见报道。

【实物样品】

黑肉假芝

【别　　名】 黑肉乌芝、黑假芝

【拉丁学名】 *Amauroderma niger* Lloyd

【分类地位】 担子菌门 / 蘑菇纲 / 多孔菌目 / 灵芝科 / 假芝属

【形态特征】 子实体中等大，硬，木栓质。菌盖肾形或扇形，稀呈圆形，1.5～10cm×2～12cm，厚 0.2～0.4cm，黑褐色且有浅烟色至暗青褐色绒毛及辐射状皱纹，后期表面变光滑，边缘薄而锐，波浪状或瓣状。菌肉淡烟色至浅烟色，厚 0.7～2mm。菌管长 1.3～2mm，渐变为暗灰色至黑色，管口近圆形，每毫米 4～5 个。菌柄细长，长 6～10cm，粗 0.5～1cm，细长呈圆柱形，侧生，罕中生，同盖色，有时分叉，基上生两个菌盖，基部近根状。菌丝灰褐色，分枝，无横隔，壁厚。无锁状联合。孢子近球形，近无色。

【生态习性】 生于林中地上或腐木上。

【化学成分】 未见报道。

【活性用途】 可供药用。

【毒　　性】 未见报道。

【实物样品】

皱盖假芝

【别　　名】 皱盖乌芝、皱盖乌枝、血芝

【拉丁学名】 *Amauroderma rude* (Berk.) Torrend ≡ *Fomes rudis* (Berk.) Cooke

【分类地位】 担子菌门 / 蘑菇纲 / 多孔菌目 / 灵芝科 / 假芝属

【形态特征】 子实体一般中等大，干后硬木栓质。菌盖肾形、半圆形或不规则形，直径 3～12cm，厚 0.5～3cm，表面浅烟色，近灰褐色，具辐射的深皱纹和细微绒毛，具漆样光泽，往往有同心环带，初期边缘薄，后期增厚呈平截，波浪状。菌肉蛋壳色至浅土黄色，厚 0.5～1.5cm。不育边缘明显，深褐色至黑色，宽可达 3mm。菌管长 0.2～0.3cm，色较菌肉深，管口圆形，每毫米 5～6 个，污白色，受伤处变红色至黑色。菌柄长 4～15cm，粗 0.3～1.2cm，近柱形，侧生，常弯曲并有细微绒毛，同盖色。孢子广卵圆形、近球形，壁双层，内壁小刺不明显，外壁光滑无色，近无色至淡黄褐色，非淀粉质。

【生态习性】 生于林中地上，其基部附着于土中的腐木上，多见于相思树下。

【化学成分】 分离出多糖、氨基酸、脂肪酸、有机酸及其酯、固醇类化合物、6- 脱氧巴西红厚壳素、巴西红厚壳素、3- 羧基吲哚和七叶内酯等成分。

【活性用途】 具消炎、利尿、抗病毒、免疫调节、抗衰老、抗癌等作用。其所含的麦角固醇具抗肿瘤作用，能显著地延长腹水瘤小鼠生存期且可抑制乳腺癌细胞增殖、迁移、侵染。多糖具免疫增强和诱导乳腺癌细胞凋亡并抑制其生长的作用，对小白鼠肉瘤 S-180 也有抑制作用。皱盖假芝醇提取物和氯仿萃取物对乳腺癌细胞具较强的抑制活性，水提取物能有效抑制单纯疱疹病毒感染非洲绿猴肾细胞，且毒性低。固醇类化合物、6- 脱氧巴西红厚壳素和巴西红厚壳素对人体多种癌细胞有一定生长抑制活性。

【毒　　性】 未见报道。

【实物样品】

假 芝

【拉丁学名】 *Amauroderma rugosum* (Blume & T. Nees) Torrend

【分类地位】 担子菌门 / 蘑菇纲 / 多孔菌目 / 灵芝科 / 假芝属

【形态特征】 子实体较小或中等大，具中生柄，木质栓。菌盖近圆形、近肾形或半圆形，直径 3～10 cm，厚 0.3～1.6cm，灰褐色、黑褐色或黑色，无光泽，中心部分凹陷，有明显纵皱及同心环带，并有辐射状皱纹，表面有绒毛，边缘钝且稍内卷。菌肉浅褐色，厚可达 0.4cm。菌管暗褐色，长 0.2～0.6cm，管口近圆形或不规则形，每毫米 6～7 个，管口表面新鲜时灰白色，触摸后变为血红色，干后变为黑色，边缘厚，全缘。菌柄长 3～10 cm，粗 0.3～1.5 cm，圆柱形，弯曲，光滑，有假根，侧生或偏生。孢子内壁有小刺，近球形，非淀粉质。

【生态习性】 春季至秋季于阔叶林中地上或腐木上单生或散生。

【化学成分】 含蛋白质、碳水化合物、矿物质（如磷、钾和钠）、酚类、亚油酸乙酯、油酸、麦角固醇、木质素过氧化物酶、香草酸、原儿茶酸、甲基 -3,4- 二羟基苯甲酸甲酯、对羟基苯甲酸、木犀草素、芹菜素、柚皮素、肉桂酸、咖啡酸、六羟基二苯酸二内酯、呫酮衍生物等成分。

【活性用途】 具降血脂、降血压、抗氧化、抗肿瘤、抗炎、抗动脉粥样硬化、抗血小板聚集和抗血栓形成等作用。子实体提取物对脂多糖诱导的巨噬细胞 RAW264.7 有抗氧化和抗炎活性，子实体乙酸乙酯提取物可以抑制低密度脂蛋白氧化，改善脂质成分。假芝可用于减少炎症反应、利尿和治疗胃部不适，以及预防癌症，它也被马来西亚的土著社区用来预防癫痫发作和婴儿不停哭闹。

【毒　　性】 无急性毒性和细胞毒性。

【实物样品】

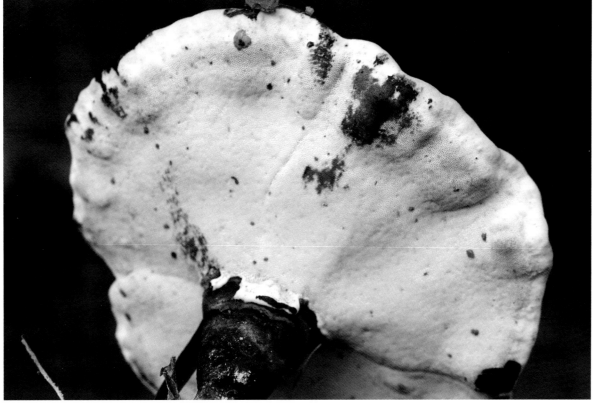

毛 木 耳

【别　　名】 黄背木耳、白背木耳、粗木耳、构耳

【拉丁学名】 *Auricularia polytricha* (Mont.) Sacc.

【分类地位】 担子菌门 / 蘑菇纲 / 木耳目 / 木耳科 / 木耳属

【形态特征】 子实体一般较大，直径 2～15cm，浅圆盘形，耳形或不规则形，有明显基部，胶质，无柄，基部稍皱。新鲜时软，干后收缩。子实层生里面，平滑或稍有皱纹，紫灰色，后期变黑色。外面有较长绒毛，无色，仅基部褐色，常成束生长。担子 3 横隔，具 4 小梗，棒状。孢子无色，光滑，弯曲，圆筒形。

【生态习性】 于柳树、刺槐、桑树等多种树干上或腐木上丛生。

【化学成分】 分离出多糖类、黄酮类、烟酸、维生素 C、酰胺类、脂肪酸、脂肪醇、甾类、免疫调节蛋白等。

【活性用途】 可食用，质地脆，别有风味。可药用，其功效与木耳近似。毛木耳多糖具抗肿瘤、抗氧化、抗凝血、抗高胆固醇血症、抑制血栓形成、免疫调节和机体细胞保护作用。也有报道称，毛木耳多糖通过提高血小板的聚集能力而具止血作用。毛木耳水提取物对电休克和异烟肼诱发的小鼠癫痫具抵抗作用，对雄性大鼠有催情作用，对扑热息痛导致的大鼠肝毒性具保护作用。毛木耳醇提取物能减轻克百威（呋喃丹）对大鼠的毒害作用。

【毒　　性】 未见报道

【实物样品】

桃红牛肝菌

【拉丁学名】 *Boletus regius* Krom.

【分类地位】 担子菌门 / 蘑菇纲 / 牛肝菌目 / 牛肝菌科 / 牛肝菌属

【形态特征】 子实体中等至较大。菌盖幼时近球形、半球形，后期呈扁半球形，边缘钝圆，直径 8～15cm，桃红色至绣球紫色，表面干燥，初时有微细毛，后期变光滑无毛。菌肉肥厚，致密，黄色至硫磺色，柄基部菌肉桃红色，受伤不变色，味温和。菌管离生，淡黄色，长 1.0cm 左右。管口微小，圆形或稍呈角形，硫磺色，老时有青绿斑。管侧囊体中部膨大呈纺锤形。菌柄长 6～12cm，粗 2.5～3cm（最粗可达 5cm），圆柱形，基部膨大球状，黄色，有时下部紫褐色，表面有红褐色有网。孢子椭圆形，黄色，光滑。

【生态习性】 夏秋季生于阔叶林地上。

【化学成分】 含酚类、白杨素及其衍生物等成分。

【活性用途】 可食用。具抗氧化、抗癌等作用。

【毒　　性】 未见报道。

【实物样品】

肉色黄丽蘑

【别　　名】　淡土黄丽蘑、粉红色方安兰

【拉丁学名】　*Calocybe carnea* (Bull.) Donk ≡ *Tricholoma carneum* (Bull.) P. Kumm. ≡ *Lyophyllum carneum* (Bull.) Kühner & Romagn.

【分类地位】　担子菌门 / 蘑菇纲 / 蘑菇目 / 离褶伞科 / 丽蘑属

【形态特征】　子实体较小。菌盖半球形至扁半球形或扁平，边缘稀反卷，直径 1.5～4cm，淡粉色或浅土黄至浅柿黄色，表面平滑无条纹。菌肉白色，稍厚，微有水果香气。菌褶乳白，直生至弯生，不等长，有的边缘波状。菌柄长 4cm，粗 0.3～1.3cm，柱形，与菌盖的颜色相同，光滑，或纤细的纤维状，通常向基部变窄，常畸形，上部粗糙，内部松软，近纤维质。孢子无色，光滑，椭圆形。

【生态习性】　常于春季、夏季和初秋（通常在下雨后）生长在草地、田野。

【化学成分】　未见报道。

【活性用途】　可食用，易与毒蘑菇混淆。

【毒　　性】　未见报道。

【实物样品】

龟裂秃马勃

【别　　名】　浮雕秃马勃、龟裂马勃

【拉丁学名】　*Calvatia caelata* (Bull.) Morgan ≡ *Lycoperdon caelatum* Bull.

【分类地位】　担子菌门 / 蘑菇纲 / 蘑菇目 / 蘑菇科 / 秃马勃属

【形态特征】　子实体中至大，陀螺形，直径 6～10cm，高 8～12cm，白色，渐变为淡锈色，最后变浅褐色。外包被常龟裂，内包被薄，顶部裂成碎片，露出青色的孢体，基部的不孕体大，并有一横膜与孢体分隔开。孢子球形，光滑，青黄色，内含 1 个油点孢丝。

【生态习性】　生于草原和林缘草地上。

【化学成分】　含蛋白质、肽类、甘油酯等。

【活性用途】　幼嫩时可食用，老后只能药用。具止血、消肿、解毒等功效，可治疗慢性扁桃体炎、喉炎、声音嘶哑、外伤出血、胃肠道出血、冻疮流脓流水、感冒咳嗽等。蛋白 / 肽具抗增殖和抗有丝分裂作用。

【毒　　性】　未见报道。

【实物样品】

头状秃马勃

【别　　名】 马屁包、头状马勃

【拉丁学名】 *Calvatia craniiformis* (Schwein.) Fr.

【分类地位】 担子菌门 / 蘑菇纲 / 蘑菇目 / 蘑菇科 / 秃马勃属

【形态特征】 子实体小至中，陀螺形，高可达 14cm，宽可达 10cm，不育基部发达，以根状菌索固着在地上。包被分为两层，两层均薄，黄褐色至酱褐色，表面初期具微绒毛，后期渐变光滑，成熟后顶部开裂，成片状脱落。产孢组织幼时白色，后期变为蜜色。

【生态习性】 于阔叶林中地上、路边和草地上单生或散生。

【化学成分】 含甾类化合物、萜类化合物、小分子含氮类化合物、糖、蛋白质和一些金属微量元素等。

【活性用途】 幼时可食用，成熟后药用。具抑菌、消炎、止咳、杀虫、抗肿瘤等作用，临床上还可用于治疗褥疮、足癣等。从发酵液分离出的马勃菌酸能有效抑制革兰氏阳性菌和真菌，并具抗炎和抗肿瘤活性。从菌丝体中提取的多糖有抑瘤作用。此菌水提取物和甲醇提取物均对荷瘤小鼠有明显抗肿瘤作用。

【毒　　性】 未见报道。

【实物样品】

大 禿 马 勃

【别　　名】　大马勃、巨马勃、马勃、灰包、马粪包、热砂芒

【拉丁学名】　*Calvatia gigantea* (Batsch) Lloyd

【分类地位】　担子菌门 / 蘑菇纲 / 蘑菇目 / 蘑菇科 / 秃马勃属

【形态特征】　子实体大，近球形至球形，直径15～25cm或更大，不孕基部无或很小。包被初期为白色，后期变浅黄色或淡绿黄色，初期微具绒毛，后期变光滑，薄，脆，成熟后不规则地块状剥离，由膜状外包被和较厚内包被组成。孢体浅黄色，后期变橄榄色。孢丝长，稍分枝，具横隔但稀少，浅橄榄色。孢子球形，光滑，或有时具细微小疣，浅橄榄色。

【生态习性】　夏秋季生于旷野的草地上，单生至群生，可形成蘑菇圈。

【化学成分】　含蛋白质、多糖、脂类、固醇类化合物、氨基酸、脂肪酸、酚类化合物、龙胆酸、蕈糖等。

【活性用途】　幼时可食用，味鲜可口，成熟后可药用。具消肿、止血、清肺润喉和解毒的作用。可用于治疗慢性扁桃体炎、咽喉肿痛、声音嘶哑、出血、疮肿、冻疮流脓流水等。还具抗肿瘤、抗氧化、抗炎、抗过敏、抑菌活性，其提取物能抑制人肺癌细胞A549增殖，液体发酵菌丝提取物具保肝和抗氧化活性，子实体多糖有抗炎、镇痛的作用。

【毒　　性】　未见报道。

【实物样品】

铅 绿 褶 菇

【别　　名】　绿褶菇、毒绿褶菇、绿孢环柄菇、大青褶伞

【拉丁学名】　*Chlorophyllum molybdites* (G. Mey.) Massee

【分类地位】　担子菌门 / 蘑菇纲 / 蘑菇目 / 蘑菇科 / 青褶伞属

【形态特征】　子实体大，白色。菌盖半球形或扁半球形，中部稍凸起，后期近平展，直径5～25cm，幼时表皮暗褐色或浅褐色，逐渐裂为鳞片，顶部鳞片大而厚，呈褐紫色，边缘渐少或脱落。菌肉白色或浅粉红色，松软。菌褶初期污白色，后期呈浅绿至青褐色，离生，宽，不等长，褶缘有粉粒，囊体无色，棒状或近纺锤状。菌柄长10～28cm，粗1～2.5cm，圆柱形，污白色至浅灰褐色，纤维质，表面光滑，菌环以上光滑，环以下有白色纤毛，基部稍膨大，内部空心，伤处变褐色，干时气香。菌环膜质，生菌柄上部。孢子印青黄褐色，后期呈浅土黄色。孢子光滑，具明显的芽孔，宽卵圆形至宽椭圆形。

【生态习性】　夏秋季群生或散生，喜于雨后在草坪、蕉林地上生长。

【化学成分】　从子实体中分离出 molybdophyllysin（一种有毒金属内肽酶）、凝集素、尿嘧啶、胸腺嘧啶、油酸、棕榈油酸、亚油酸、棕榈酸、生物碱和固醇 / 甾类化合物等成分。

【活性用途】　具抗氧化、抗肿瘤的作用。其发酵液和子实体水提液均可明显提升秀丽隐杆线虫的抗氧化能力。

【毒　　性】　有毒。毒素主要引起胃肠型症状，是华南等地引起毒蘑菇中毒事件最多的种类之一。毒性症状有：食用1～3h后发生呕吐、腹痛、腹泻、血便，对肝等脏器和神经系统等也能造成损害。

【中毒救治】　立即呼叫救护车赶往现场或送往医院救治；同时立即用手指伸进咽部催吐，以减少毒素的吸收。

【实物样品】

堆金钱菌

【别　　名】　堆联脚伞、堆钱菌、堆罗伞

【拉丁学名】　*Collybia acervata* (Fr.) P. Kumm.

【分类地位】　担子菌门 / 蘑菇纲 / 蘑菇目 / 口蘑科 / 金钱菌属

【形态特征】　子实体较小。菌盖半球形至近平展，中部稍凸，有时成熟后从边缘翻起，直径 2～7cm，浅土黄色至深土黄色，光滑，湿润时具不明显条纹。菌肉白色，薄。菌褶白色，较密，直生至近离生，不等长。菌柄细长，长 3～6.5cm，粗 0.2～0.7cm，圆柱形，有时扁圆或扭转，浅褐色至黑褐色，纤维质，空心，基部具白色绒毛。孢子印白色。孢子无色，光滑，椭圆形。

【生态习性】　于阔叶林落叶层或腐木上丛生或群生，有时单生。

【化学成分】　未见报道。

【活性用途】　可食用。其浸提液对多种线虫有杀灭作用。

【毒　　性】　有中毒记载。

【实物样品】

栎生金钱菌

【别　　名】栎生小皮伞

【拉丁学名】*Collybia dryophila* (Bull. : Fr.) Kumm. ≡ *Marasmius dryophilus* (Bull.) P. Karst.

【分类地位】担子菌门 / 蘑菇纲 / 蘑菇目 / 口蘑科 / 金钱菌属

【形态特征】子实体小至中。菌盖半球形至平展，光滑，黏，直径1～4cm，黄白色或淡土黄色，中部黄褐色，周围色淡或白色，边缘具细条纹，平整至近波状水渍状。菌肉近似菌盖色，薄。菌褶白色，密集，不等长，褶缘平滑或有小锯齿。菌柄长3～7cm，粗0.1～0.3cm，圆柱形，脆，淡土黄色，上部色淡，光滑，空心，基部稍膨大且有白色绒毛。孢子印白色。孢子无色，光滑，椭圆形，非淀粉质。

【生态习性】于阔叶林枯枝落叶层上群生，是常见土栖腐生野菇之一。

【化学成分】含多糖等成分。

【活性用途】肉质硬，不适合食用。

【毒　　性】未见报道。

【实物样品】

盾状金钱菌

【别　　名】　靴状金钱菌、毛脚金钱菌、盾状小皮伞

【拉丁学名】　*Collybia peronata* (Bolton) P. Kumm. ≡ *Marasmius urens* (Bull.) Fr.

【分类地位】　担子菌门 / 蘑菇纲 / 蘑菇目 / 口蘑科 / 金钱菌属

【形态特征】　子实体小。菌盖初期半球形，渐平展，后期往往中部下凹，直径 1.5～5.5cm，表面具皱纹，边缘有条纹，淡土黄色至皮革色或土褐色，中部色较深。菌肉薄，革质。菌褶直生至近弯生，淡污黄色或淡褐色，较稀，不等长。菌柄长 3.5～8cm，粗 0.3～0.5cm，近似菌盖色，内实，下部具显著细绒毛。孢子椭圆形至镰刀形，无色，光滑，非淀粉质。

【生态习性】　于林中地上群生或丛生。

【化学成分】　分离出倍半萜类、peronatin A、peronatin B 和 deoxycollybolidol 等成分，可检测到氢氰酸。

【活性用途】　不可食用，能富集金属元素，清除环境中的重金属。

【毒　　性】　有毒。

【实物样品】

钹 孔 菌

【别　　名】　多年生集毛菌、锣钹菌

【拉丁学名】　*Coltricia perennis* (L.) Murrill

【分类地位】　担子菌门 / 蘑菇纲 / 锈革菌目 / 锈革菌科 / 集毛孔菌属

【形态特征】　子实体一般较小，革质，干后稍硬。菌盖圆形，中部下凹呈脐状，直径 2～6.5cm，厚 1～2mm，土黄色至锈褐色，渐变为灰色，有微细绒毛及同心环纹，有时具辐射状条纹，边缘薄而锐。菌肉近似盖色呈褐色，厚 0.5mm。菌管长 1～1.5mm，管口色较深，多角形，每毫米 2～4 个。菌柄长 2～3.5cm，粗 1.5～6mm，中生，基部膨大，锈褐色至深咖啡色，有细绒毛。孢子近无色，光滑，长椭圆形。

【生态习性】　夏秋季生于林中地上，群生或散生。

【化学成分】　含漆酶等成分。

【活性用途】　分离得到的漆酶可用于提高生物燃料制备过程中的糖化效率。

【毒　　性】　未见报道。

【实物样品】

草生锥盖伞

【拉丁学名】 *Conocybe antipus* (Lasch) Fayod ≡ *Agaricus antipus* Lasch ≡ *Galera antipoda* (Lasch) Quél.

【分类地位】 担子菌门 / 蘑菇纲 / 蘑菇目 / 粪伞科 / 锥盖伞属

【形态特征】 子实体中。菌盖初期圆锥形至钟形，后渐平展呈斗笠形，直径 2～5cm，边缘规则，表面光滑有细条纹，幼时橙色或橙红色，成熟后为浅赭色或土黄色。菌肉薄。菌褶离生至直生，窄，较密，不等长，初期白色，后期呈褚褐色。菌柄长 3～9cm，粗 2～5mm，圆柱形，实心，顶部到底部逐渐变宽，菌柄地下部分有与地上部分几乎相等的伪根，初期白色，渐变为浅赭色至黄赭色，最后为暗褐色。孢子纺锤形至柠檬形，表面光滑，近顶端有芽孔。

【生态习性】 常于雨季或潮湿天气生于树林中的粪土堆上，群生。

【化学成分】 未见报道。

【活性用途】 未见报道。

【毒　　性】 未见报道。

【实物样品】

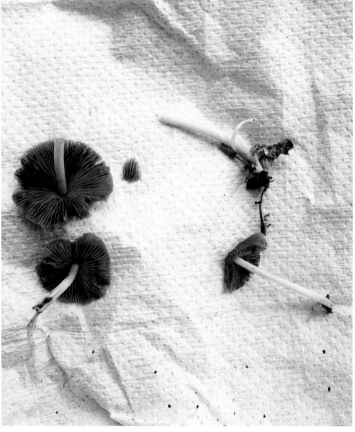

细小锥盖伞

【别　　名】　阿瑞尼锥盖伞

【拉丁学名】　*Conocybe arrhenii* (Fr) Kits van Wav. ≡ *Agaricus arrhenii* Fr. ≡ *Pholiotina arrhenii* (Fr.) Singer

【分类地位】　担子菌门 / 蘑菇纲 / 蘑菇目 / 粪伞科 / 锥盖伞属

【形态特征】　子实体小至中。菌盖幼时圆锥形至钟形，成熟后呈斗笠形，直径 1.1~2.4cm，黄褐色至灰褐色，中部颜色深，表面有白色绒毛，从顶部至边缘有放射状条纹，水浸状。菌肉薄，黄褐色。菌褶离生至直生，浅黄褐色至灰褐色。菌柄长 2.5~4cm，直径 1.5~2mm，圆柱形，表面具细小鳞片，鲜时上部浅黄色，下部颜色深。菌环中上位，白色或同菌盖颜色，易脱落。孢子宽椭圆形，具芽孔，光滑，黄褐色。

【生态习性】　夏秋季于林中腐木上群生或散生。

【化学成分】　未见报道。

【活性用途】　未见报道。

【毒　　性】　未见报道。

【实物样品】

乳白锥盖伞

【拉丁学名】 *Conocybe lactea* (J. Lange) Metrod

【分类地位】 担子菌门 / 蘑菇纲 / 蘑菇目 / 粪伞科 / 锥盖伞属

【形态特征】 子实体小。菌盖斗笠形或伞形至钟形，直径 1～3cm，薄，脆，浅黄褐色，顶部色深，边缘黄白色，且有细条纹，表面黏。菌肉污白色，很薄。菌褶直生，窄，较密，不等长，初期污白色，后期呈锈黄色。菌柄长 4～8cm，粗 1～3mm，圆柱形，等粗至向基部略膨大，白色或灰白色，附粉末状颗粒，空心。孢子椭圆形至卵圆形，光滑，锈褐色。

【生态习性】 夏秋季于草地、路边或林缘草丛等腐殖质丰富的地上单生或群生。

【化学成分】 未见报道。

【活性用途】 未见报道。

【毒　　性】 有毒。

【实物样品】

辐毛小鬼伞

【别　　名】 辐毛鬼伞

【拉丁学名】 *Coprinellus radians* (Desm.) Vilgalys ≡ *Coprinus radians* (Desm.) Fr.

【分类地位】 担子菌门 / 蘑菇纲 / 蘑菇目 / 小脆柄菇科 / 小鬼伞属

【形态特征】 子实体小。菌盖初期卵圆形，后期呈钟形至展开，直径 2.5～4cm，高 2～3cm，表面黄褐色，中部色深且边缘色浅黄，边缘有放射状的沟纹，几乎达到菌盖中央，被有小的褐色云母状晶粒，中央晶粒尤多。菌肉薄，白色。菌褶弯生至离生，幼时白色，后期为紫黑色，密集，狭窄。菌柄较细，长 2～5cm，粗 0.4～0.8cm，圆柱形或基部稍有膨大，白色，表面在初期常有白色微细粉状物。菌柄基部往往出现放射状呈粗绒毛样大片黄褐色或土黄褐色菌丝块。孢子印黑色。孢子光滑，黑褐色，椭圆形，有芽孔。

【生态习性】 春季至秋季于树桩及倒腐木上单生或丛生。

【化学成分】 从发酵物中分离得到十多种萜类化合物。

【活性用途】 幼期可食。有研究称其有抗癌作用，部分萜类化合物具抗真菌活性。

【毒　　性】 未见报道。

【实物样品】

灰 盖 鬼 伞

【别　　名】　灰鬼伞、灰拟鬼伞、长根鬼伞、长根拟鬼伞

【拉丁学名】　*Coprinopsis cinerea* (Schaeff.) Redhead, Vilgalys & Moncalvo ≡ *Coprinus cinereus* (Schaeff. : Fr.) Gray

【分类地位】　担子菌门 / 蘑菇纲 / 蘑菇目 / 小脆柄菇科 / 拟鬼伞属

【形态特征】　子实体较小。菌盖幼时圆柱形、近锥形或钟形，直径2～6cm，表面覆有白色至褐色棉絮状以至纤维状菌幕，随生长而脱落，露出灰褐色的底色，从菌盖近中央至边缘有放射状沟纹，初期表面平滑，后期表皮裂成白色丛毛鳞片及毛状颗粒，最后边缘反卷，撕裂，同菌褶一起溶成黑色汁液。菌肉白色。菌褶污白色至灰褐色至墨黑色，离生，密，不等长。菌柄细长，长4～12cm，直径0.2～1cm，白色至灰褐色，质脆，空心，有绒毛，基部稍膨大，再变成细的根状物伸入基质中。孢子黑褐色，光滑，卵圆形至椭圆形。

【生态习性】　夏季于粪土堆和草堆上单生或散生。

【化学成分】　分离出萜类、甾类、脂肪酸、真菌色素、多糖和多种酶类等成分。

【活性用途】　幼时可食用。部分萜类化合物对肿瘤细胞有抑制活性，酶类可催化木质纤维素降解或具脱色功效。

【毒　　性】　与酒同食，可致中毒。

【实物样品】

匙盖假花耳

【别　　名】桂花耳、桂花菌

【拉丁学名】 *Dacryopinax spathularia* (Schwein.) G. W. Martin ≡ *Guepinia spathularia* (Schw.) Fr.

【分类地位】担子菌门 / 花耳纲 / 花耳目 / 花耳科 / 桂花耳属

【形态特征】子实体微小，匙形或鹿角形，上部常不规则裂成叉状，高 0.6～2.5cm，橙黄色，光滑，干后橙红色，不孕部分色浅，柄下部粗 0.2～0.3cm，有细绒毛，基部栗褐色至黑褐色，延伸入腐木裂缝中。担子二分叉。孢子 2 个，椭圆形至肾形，光滑，无色，初期无横隔，后期形成 1～2 横隔。

【生态习性】春季至晚秋于杉木等针叶树倒腐木或木桩上群生或丛生。

【化学成分】含类胡萝卜素等。

【活性用途】可食用。

【毒　　性】未见报道。

【实物样品】

黑轮层炭壳

【别　　名】　黑轮层炭球菌、黑轮炭球菌、炭球、同心环纹炭球菌

【拉丁学名】　*Daldinia concentrica* (Bolton) Ces. & De Not.

【分类地位】　子囊菌门 / 粪壳菌纲 / 炭角菌目 / 炭角菌科 / 轮层炭壳菌属

【形态特征】　子实体扁球形至不规则马铃薯形，宽 2～8.5cm，高 1.2～6cm，初期褐色至暗紫红褐色，后期黑褐色至黑色，近光滑，光滑处常反光，成熟时出现不明显的子囊壳孔口。子实体内部木炭质，剖面有黑白相间或部分几乎全黑色至紫蓝黑色的同心环纹。子实体色素在氢氧化钾中呈淡茶褐色。子囊壳埋生于子座外层，往往有点状的小孔口。孢子近椭圆形或近肾形，光滑，暗褐色。芽孔线形。

【生态习性】　生于阔叶树腐木和腐树皮上，多群生或相互连接。

【化学成分】　从子实体中分离出异吲哚啉酮类、苯酞类、萘醌类、萜类、botrydial 类化合物和角鲨烯环氧化物、6,8- 二羟基 -3- 甲基 -3,4- 二氢异香豆素、麦角固醇和炭球菌素等成分。

【活性用途】　具抗真菌、抗肿瘤、抗氧化、抗人类免疫缺陷病毒、杀线虫、体外雌激素和生物降解脱色等作用。异香豆素类成分能抑制金黄色葡萄球菌生长，萘醌类成分有抗血管生成活性。

【毒　　性】　未见报道

【实物样品】

光轮层炭壳

【别　　名】　光轮层炭珠菌、光炭轮菌

【拉丁学名】　*Daldinia eschscholzii* (Ehrenb.) Rehm

【分类地位】　子囊菌门 / 粪壳菌纲 / 炭角菌目 / 炭角菌科 / 轮层炭壳菌属

【形态特征】　子实体扁球状，无柄，表面紫红色，木炭质，全株宽 1.2～3.5cm。剖开后内部具灰黑色跟白色的同心环纹，周围有黑色瓶状的子囊壳。子囊长柱状，无盖，内含 8 个孢子。孢子椭圆形，黑褐色，表面平滑，具 1 长发芽缝。

【生态习性】　夏季至秋季于低至中海拔阔叶林中腐木上群生。

【化学成分】　分离出三萜类、聚酮类、苯并吡喃类、异香豆素葡萄糖苷类、生物碱类和吲哚类化合物等成分。

【活性用途】　具治惊风、抑菌和抗肿瘤等活性。聚酮类化合物有诱导干细胞分化、抑制免疫、抗菌和细胞毒作用，化合物 spirodalesol 有抗炎作用，有些苯并吡喃类化合物具光动力学抗菌活性和促脂肪细胞对葡萄糖摄取能力。此外，从发酵液中分离的化合物 2,3- 二氢 -5- 羟基 -2- 甲基色烯 -4-酮（2,3-dihydro-5-hydroxy-2-methylchromen-4-one，TL1-1）有细胞毒、抗真菌和增殖抑制活性。

【毒　　性】　未见报道。

【实物样品】

黄条纹粉褶菌

【别　　名】　奥美粉褶蕈、近江粉褶蕈、奥米粉褶菌
【拉丁学名】　*Entoloma omiense* (Hongo) E. Horak ≡ *Rhodophyllus omiensis* Hongo
【分类地位】　担子菌门 / 蘑菇纲 / 蘑菇目 / 粉褶菌科 / 粉褶蕈属
【形态特征】　子实体较小。菌盖初期圆锥形，后期斗笠形至近钟形，中部常稍尖或稍钝，直径3～4cm，浅灰褐色至浅黄褐色，表面平滑且有纤维状细条纹。菌肉薄，污白色，淀粉气味。菌褶宽达5～7mm，直生，较密，薄，幼时白色至粉红色，成熟后粉红色至淡粉黄色，具2～3行小菌褶。菌柄长5～13cm，直径3～8mm，圆柱形，近白色至与菌盖颜色接近，光滑，基部具白色菌丝体。孢子淡粉红色，等径至近等径，5～6角，多5角。
【生态习性】　于阔叶林中地上单生或散生。
【化学成分】　未见报道。
【活性用途】　未见报道。
【毒　　性】　有毒。主要引发胃肠炎。
【中毒救治】　一旦误食，要立即采取催吐处理，并及时到正规医院救治。
【实物样品】

绢白粉褶菌

【别　　名】　白晶粉褶菌、绢毛粉褶菇、娟状粉褶菌
【拉丁学名】　*Entoloma sericellum* (Fr.) P. Kumm. ≡ *Rhodophyllus sericellum* (Fr.) Quél.
【分类地位】　担子菌门 / 蘑菇纲 / 蘑菇目 / 粉褶菌科 / 粉褶蕈属
【形态特征】　子实体小。菌盖初期扁半球形或半球形，后期近扁平，中部凸起或稍凹，直径
0.8～2.5cm，表面纯白色有绢丝状纤维条纹及小鳞片，边缘内卷或伸延至开裂。菌肉白色，薄。
菌丝有锁状联合。菌褶弯生又延生，污白色至浅粉红色，不等长，稍稀，宽 0.3～0.4cm。菌柄细
长，长 2～5cm，粗 0.1～0.4cm，圆柱形，光滑，下部有似微细毛或有细的纵条纹，向下稍膨大，
内部实心或空心。褶缘囊状体近棒状。孢子 5～8 角，浅粉黄色。
【生态习性】　夏秋雨后生于相思树下或毛竹林中的草地上，群生或散生。
【化学成分】　未见报道。
【活性用途】　未见报道。
【毒　　性】　有毒。
【实物样品】

木蹄层孔菌

【别　　名】　木蹄，火绒层孔菌、木蹄褐层孔菌、桦菌芝

【拉丁学名】　*Fomes fomentarius* (L. : Fr.) Kick.

【分类地位】　担子菌门 / 蘑菇纲 / 多孔菌目 / 多孔菌科 / 层孔菌属

【形态特征】　子实体大至巨大，马蹄形，无柄。菌盖长 10～64cm，宽 8～42cm，厚 5～20cm，表面灰色至灰黑色，有一层厚的角质皮壳及明显环带和环棱，边缘钝。菌肉锈褐色，软木栓质，厚 0.5～5cm。菌管多层，管层很明显，每层厚 3～5mm，锈褐色。管口每毫米 3～4 个，圆形，灰色至浅褐色。孢子无色，光滑，长椭圆形，壁薄，非淀粉质。

【生态习性】　春季至秋季生于阔叶树干上或木桩上，会造成木材白色腐朽，往往在生境阴湿或少光的生境出现棒状畸形子实体。

【化学成分】　含蛋白质、脂类、多糖、核苷酸、有机酸、脂肪酸、氨基酸、萜类、苷类、固醇类、色素类和酚类等成分

【活性用途】　具抗疲劳、提高免疫能力、抗肿瘤、抑菌消炎、抗氧化、降血糖、抗辐射、生物脱色等作用。木蹄层孔菌水提取物可以有效降低糖尿病大鼠体内超氧化物歧化酶（SOD）及过氧化氢酶（CAT）的活性，多糖可以促进小鼠脾细胞释放多种细胞因子，促进小鼠特异性抗体生成和巨噬细胞吞噬功能。从木蹄层孔菌培养液中得到的多糖具抗病毒活性，从木蹄层孔菌中分离的化合物 FF-8［9- 氧 -(10*E*,12*E*)- 十八碳二烯酸甲酯］能抑制一氧化氮和前列腺素 E2 的分泌，降低脂多糖刺激的巨噬细胞分泌炎性细胞因子。

【毒　　性】　未见报道。

【实物样品】

树 舌 灵 芝

【别　　名】 树舌、平盖灵芝、老牛肝

【拉丁学名】 *Ganoderma applanatum* (Pers.) Pat. ≡ *Elfvingia applanata* (Pers.) P. Karst.

【分类地位】 担子菌门 / 蘑菇纲 / 多孔菌目 / 灵芝科 / 灵芝属

【形态特征】 子实体大或特大，侧生无柄，木质或近木栓质。菌盖扁平，半圆形、扇形、扁山丘形至低马蹄形，长 10～55cm，宽 5～35cm，厚 1～12cm，基部常下延，盖面皮壳灰白色至灰褐色，常覆有一层褐色孢子粉，有明显的同心环棱和环纹，常有大小不一的疣状突起，干后常有不规则的细裂纹；盖缘薄而锐，有时钝，全缘或波状。菌肉浅栗色，有时近皮壳处白色到暗褐色，菌孔圆形，孔口表面灰白色至淡褐，每毫米 4～7 个。孢子卵形，顶端平截，褐色至黄褐色，双层壁，外壁无色、光滑，内壁具小刺，非淀粉质。

【生态习性】 春季至秋季生于多种阔叶树的活立木、倒木、伐木及腐木上，单生或覆瓦状叠生。

【化学成分】 成分复杂，包括多糖、甾类化合物、三萜类、脂类、氨基酸、多肽、蛋白质、生物碱类、酚类、内酯、香豆素类和苷类及微量元素等。

【活性用途】 可药用，具广泛的药理活性，主要包括调节机体免疫系统、抗肿瘤、抗病毒、消炎抗菌、降血糖、调节血压、阻碍血小板聚集和强心作用。临床用于治疗腹水癌、神经系统疾病、肝炎、心脏病、糖尿病和糖尿病并发症，预防和治疗胃溃疡、急慢性胃炎、十二指肠溃疡、胃酸过多等胃病，具较高的药用价值。此外，树舌灵芝还可以产生草酸和纤维素酶，应用于轻工业、食品工业等领域。

【毒　　性】 未见报道。

【实物样品】

坝王岭灵芝

【拉丁学名】 *Ganoderma bawanglingense* J. D. Zhao & X. Q. Zhang

【分类地位】 担子菌门 / 蘑菇纲 / 多孔菌目 / 灵芝科 / 灵芝属

【形态特征】 子实体大，无柄或有柄基，木栓质到木质。菌盖近扇形、半圆形或近圆形，长2.5～5cm，宽2.5～4.5cm，厚0.5～1cm，表面灰褐色到污褐色，无漆样光泽，有显著的同心环沟和环带，边缘稍钝而完整。菌肉厚0.2～0.5cm，分层不明显，上层淡褐色，靠近菌管层褐色。菌管长0.2～0.4cm，褐色到暗褐色，有白色菌丝填充，管面污白色，淡褐色至褐色，管口近圆形，每毫米5～6个。皮壳由粗细不等的、透明的薄壁菌丝组成。菌丝形状不相同，有的顶端尖细，有的杆状，有的弯曲，透明层下为淡褐色层，黑色物质不显著，近似毛皮壳类型。有时在近菌肉层的位置可见薄壁的无性孢子。菌丝系统三体型：生殖菌丝无色，薄壁；骨架菌丝淡黄褐色，厚壁到实心，树枝分枝，分枝末端形成鞭毛状无色缠绕菌丝；缠绕菌丝壁厚，分枝。孢子卵圆形，顶端圆钝或有时平截，双层壁，外壁无色透明，平滑，内壁淡褐色，有显著的小刺。

【生态习性】 生于阔叶树的活立木、倒木、伐木及腐木上。

【化学成分】 含蛋白质、多肽、氨基酸、多糖、麦角固醇、真菌溶菌酶及酸性蛋白酶、甘露醇、烯醇、树脂和香豆素等成分。

【活性用途】 具抗肿瘤、保肝解毒、改善心血管系统功能、抗衰老（促进和调整免疫功能、调节代谢平衡和抗氧化）和抗神经衰弱等作用。

【毒　　性】 未见报道。

【实物样品】

褐 灵 芝

【拉丁学名】 *Ganoderma brownii* (Murrill) Gilb. ≡ *Elfvingia brownii* Murrill ≡ *Fomes brownii* (Murrill) Murrill ≡ *Fomes brownii* (Murrill) Sacc. & Trotter

【分类地位】 担子菌门 / 蘑菇纲 / 多孔菌目 / 灵芝科 / 灵芝属

【形态特征】 子实体大，木栓质，无柄，基部形成柄基与基物连接。菌盖半圆形或不规则形，长 5～13cm，宽 4～10cm，表面褐色至黑褐色，光滑，同心环纹明显或不明显，无漆样光泽，边缘稍厚，有时膨胀，淡褐色至污白色，完整，下边不孕。皮壳由透明、薄壁的生殖菌丝和厚壁淡褐色的骨架菌丝胶黏在一起。菌肉淡褐色到褐色，有同心环纹，无黑色角质层，厚 1～2cm。菌管褐色，长 1～1.5cm，管面新鲜时白色、污白色或淡褐色，后为褐色至暗褐色，管口近圆形，每毫米 4～5 个。菌丝系统三体型：生殖菌丝无色透明，薄壁；骨架菌丝淡褐色，厚壁到实心，树状分枝或呈针状，分枝末端形成鞭毛状无色缠绕菌丝；缠绕菌丝厚壁，分枝。孢子卵圆形、椭圆形或顶端平截，双层壁，外壁无色透明，平滑，内壁淡褐色，有小刺或小刺不清楚。

【生态习性】 生于阔叶树腐木桩上或活立木腐朽处。

【化学成分】 含蛋白质、脂肪酸、生物碱、糖类、酚类、脂类、固醇、萜类、黄酮类、蒽醌类、糖苷和皂苷等成分。

【活性用途】 具抗焦虑作用。

【毒　　性】 未见报道。

【实物样品】

大青山灵芝

【拉丁学名】 *Ganoderma daiqingshanense* J. D. Zhao

【分类地位】 担子菌门 / 蘑菇纲 / 多孔菌目 / 灵芝科 / 灵芝属

【形态特征】 子实体大，无柄，木质到木栓质。菌盖近扇形、半圆形或不规则形，长 12～25cm，宽 8～18cm，厚 1.5～2.5cm，基部可厚达 4.5cm，表面红褐色、暗红褐色或黑褐色，幼体边缘呈黄白色，有漆样光泽，有同心环脊，脊高 0.5～1.2cm，宽 1～1.5cm，有瘤状物或不清楚的纵皱，凹凸不平，边缘钝。菌肉上层木材色或淡褐色，下层近褐色。菌管长 0.6～1cm，管口近圆形，每毫米 4～5 个。皮壳呈不规则形，淡褐色。菌丝系统三体型：生殖菌丝透明，薄壁；骨架菌丝淡黄褐色，厚壁到实心，树状分枝，分枝末端形成鞭毛状无色缠绕菌丝；缠绕菌丝厚壁，分枝。孢子卵圆形，有时顶端平截，双层壁，外壁无色透明，平滑，内壁淡褐色，有小刺或小刺不清楚。

【生态习性】 常生于热带雨林中腐木桩上。

【化学成分】 从子实体中分离出三萜、固醇类等化合物 12 个。

【活性用途】 灵芝醛 A、龙胆酸和大戟因子 L3 对乙酰胆碱酯酶有一定的抑制活性。

【毒　　性】 未见报道。

【实物样品】

奇异灵芝

【拉丁学名】 *Ganoderma mirabile* (Lloyd) Humphrey

【分类地位】 担子菌门 / 蘑菇纲 / 多孔菌目 / 灵芝科 / 灵芝属

【形态特征】 子实体大，木质，无柄，半圆形或不规则形，灰褐色至污褐色，表面不平滑，凹凸不平。菌盖一般 20～40cm×30～50cm，厚 20～30cm，边缘圆钝，完整但不平滑，边缘浅土褐色到污白色。菌肉木栓质至木质，呈木材色至浅褐色，无黑色角质层。菌管褐色，管口污褐色，近圆形，每毫米 3～5 个。皮壳构造是由纤毛状菌丝聚集而成的拟毛皮壳型。菌丝壁较薄，分枝或不分枝，透明或不透明，浅褐色。孢子卵圆形，有时顶端平截，双层壁，外壁无色透明，平滑，内壁浅黄色至浅黄褐色，具稀疏的小刺或小刺不清楚。

【生态习性】 生于木桩附近。

【化学成分】 未见报道。

【活性用途】 未见报道。

【毒　　性】 未见报道。

【实物样品】

棕褐灵芝

【别　　名】　光亮灵芝

【拉丁学名】　*Ganoderma nitidum* Murr.

【分类地位】　担子菌门 / 蘑菇纲 / 多孔菌目 / 灵芝科 / 灵芝属

【形态特征】　子实体中等大。菌盖半圆形或近至扇形，直径 6～9 cm，棕褐色或暗褐色，表面有弱光泽，具环纹及环带，边界较钝。菌肉似木材色。菌管每毫米 1 个，管口近圆形，侧生或有柄状基部。孢子双层壁，内壁有小刺，卵圆形。

【生态习性】　生于阔叶林腐木上。

【化学成分】　未见报道。

【活性用途】　未见报道。

【毒　　性】　未见报道。

【实物样品】

无柄灵芝

【别　　名】　树灵芝

【拉丁学名】　*Ganoderma sessile* Murr. ≡ *Ganoderma resinaceum* Boud. Bull. Soc.

【分类地位】　担子菌门 / 蘑菇纲 / 多孔菌目 / 灵芝科 / 灵芝属

【形态特征】　子实体大，无柄，木栓质。菌盖半圆形或近扇形，长 10～38cm，宽 15～27cm，基部厚 7～9 cm，黑褐色到红褐色，靠外边土红褐色至土黄褐色，幼时边缘浅土黄色，环带宽，表面漆样光泽。菌肉木材色，接近菌管处褐色至肉桂色，厚 0.5～0.8 cm，有环生。菌丝无锁状联合。菌管长 0.5～0.8 cm，初期淡色，后期呈淡褐色至褐色，管口近圆形，色较浅，每毫米 4～5 个。孢子卵圆形，顶端平截，双层壁，外壁无色，内壁有小刺，淡褐色，或有油滴。

【生态习性】　生于阔叶树等树桩基部，常覆瓦状生长。

【化学成分】　含木质素酶、多糖，从乙醇提取物的氯仿部分和乙酸乙酯部分共分离得到数十个化合物，包括三萜类、甾类、生物碱类等成分。

【活性用途】　能显著增强巨噬细胞吞噬活性，促进一氧化氮释放和小鼠脾细胞增殖，有细胞毒、抗菌和抗氧化作用。部分单体化合物提高人正常肝细胞成活率，表现出一定的保肝作用和抑制 α - 葡萄糖苷酶活性，可能具降血糖作用。

【毒　　性】　未见报道。

【实物样品】

热带灵芝

【别　　名】 相思灵芝

【拉丁学名】 *Ganoderma tropicum* (Jungh.) Bres.

【分类地位】 担子菌门 / 蘑菇纲 / 多孔菌目 / 灵芝科 / 灵芝属

【形态特征】 子实体中等或较大，木栓质至木质。菌盖半圆形、近扇形、近肾形及近漏斗状，往往形状不规则，或有重叠的小菌盖，长 4.5～20cm，宽 2.5～8.5cm，厚 0.5～3cm，红褐色、紫红色至红褐色，表面有漆样光泽，中部色深，边缘淡黄褐色至有 1 条黄白色宽带，有同心环带。菌肉褐色，厚 0.5～1.9cm。菌丝淡褐色至褐色，细菌丝色淡多弯曲，有分枝，壁厚，无横隔和锁状联合。菌管长 0.1～0.2cm，褐色，管口形状不规则，污白色或淡褐色，每毫米 4～5 个。菌柄侧生或偏生，短、粗，或近无柄，长 2～5.5cm，粗 1.2～4cm，紫红色或紫褐色，甚至暗黑紫褐色，具光泽。孢子卵圆形或顶端平截，壁双层，外壁无色，平滑，内壁有小刺，淡褐色，有时含油滴。

【生态习性】 多见于相思树等豆科树木根部及树桩基部周围。

【化学成分】 含多糖、蛋白质、氨基酸及微量元素。从子实体中分离出三萜类和甾类化合物等成分。

【活性用途】 可药用。具抗肿瘤、保肝和降血糖等功效，分离出的单体化合物还有抗菌、乙酰胆碱酯酶抑制活性、细胞毒作用及抗氧化作用。福建民间用来治疗冠心病，具调节胰岛素分泌和降血糖的作用。

【毒　　性】 无毒。

【实物样品】

毛嘴地星

【别　　名】　毛咀地星

【拉丁学名】　*Geastrum fimbriatum* (Fr.) Fisch.

【分类地位】　担子菌门 / 蘑菇纲 / 地星目 / 地星科 / 地星属

【形态特征】　菌蕾高 1～1.5cm，宽 1～2cm，近球形，黄褐色至浅红褐色，顶部凸起或有喙，开裂后外包被反卷，多数为浅囊状或深囊状，开裂至 1/2 处或大于、小于 1/2 处，形成 5～11 瓣裂片，以 6～9 瓣为多。裂片瓣宽或窄，渐尖，向外反卷于包被盘下，或平展仅先端反卷。外层薄，部分脱落。孢子球形或近球形，多数具微疣突至微刺突尖，有时相连，浅棕色至黑棕色。

【生态习性】　夏末秋初生于林中腐枝落叶层地上，散生或近群生，有时单生。

【化学成分】　从子实体中分离出麦角固醇过氧化物、阿拉伯糖醇、L- 谷氨酸、麦芽糖和蔗糖等成分。

【活性用途】　子实体乙醇提取物具抗氧化、抗菌和抗肿瘤活性。

【毒　　性】　未见报道。

【实物样品】

硬 蜂 窝 菌

【别　　名】　亚厚蜂窝菌

【拉丁学名】　*Hexagonia rigida* Berk.

【分类地位】　担子菌门 / 蘑菇纲 / 多孔菌目 / 多孔菌科 / 蜂窝菌属

【形态特征】　子实体中等大，单生或群生，罕叠生。菌盖半圆形，薄而硬，直径 4～8 cm，厚 0.25～0.3cm，浅褐色至锈褐色，无柄，表面光滑或有同心棱纹或辐射状皱纹，后期变粗糙多疣，边缘锐而完整。菌肉米黄色至蛋壳色。管孔圆形，分布均匀，每厘米 9 个，深 1.5～2mm，初期内侧灰白色，后期渐变为浅褐色，壁厚或薄，完整。菌丝壁厚，分枝，无横隔。

【生态习性】　生于热带区域阔叶树枯枝杆或腐木上。

【化学成分】　未见报道。

【活性用途】　侵害龙眼、荔枝等树木，可引起木材白色腐朽。

【毒　　性】　未见报道。

【实物样品】

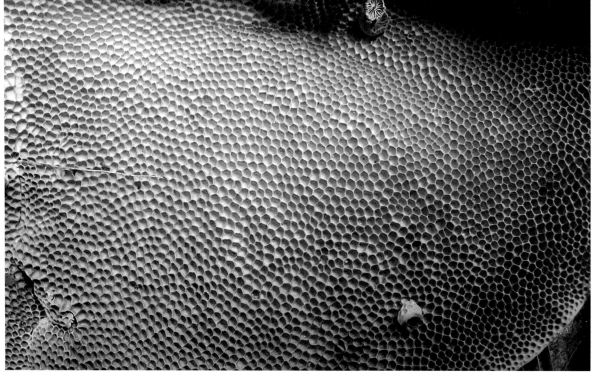

美 蜂 窝 菌

【别　　名】 厚蜂窝菌

【拉丁学名】 *Hexagonia speciosa* Fr.

【分类地位】 担子菌门 / 蘑菇纲 / 多孔菌目 / 多孔菌科 / 蜂窝菌属

【形态特征】 子实体中至大。菌盖半圆形、扇形，长 3～10cm，宽 2～6cm，厚 3～5mm，木栓质，锈褐色，中部色较浅，有深色环带，边缘波浪状并且薄而黑色，表面平滑。菌肉深肉桂色，厚不及 1mm。管孔棕褐色，新鲜时灰白色，壁薄，后期破裂，每厘米 6 个，深 5～6 mm。孢子无色，光滑，椭圆形。

【生态习性】 于阔叶树腐木上群生或散生。

【化学成分】 分离出多种高度氧化的 isoprenylated cyclohexanoids 化合物等成分。

【活性用途】 未见报道。

【毒　　性】 未见报道。

【实物样品】

亚蜂窝菌

【拉丁学名】 *Hexagonia subtenuis* Berk.

【分类地位】 担子菌门 / 蘑菇纲 / 多孔菌目 / 多孔菌科 / 蜂窝菌属

【形态特征】 子实体中，无柄，革质，干时变硬。菌盖半圆形或肾形，直径 3.5～6.5cm，厚 1～1.5mm，表面光滑，蛋壳色至淡黄褐色，有深色稠密的棱纹，常有辐射状皱纹，边缘锐而完整，有时呈波浪状。菌肉蛋壳色，厚 1mm。菌管与菌盖同色，长约 1mm，管口大部分六角形，部分不规则形，每毫米 1～2 个。孢子圆柱形，透明，平滑。

【生态习性】 生于阔叶树腐木上。

【化学成分】 未见报道。

【活性用途】 未见报道。

【毒 性】 未见报道。

【实物样品】

薄蜂窝菌

【别　　名】　蜂窝菌

【拉丁学名】　*Hexagonia tenuis* (Hook.) Fr.

【分类地位】　担子菌门 / 蘑菇纲 / 多孔菌目 / 多孔菌科 / 蜂窝菌属

【形态特征】　子实体中，近木栓质，柔软似革质，无柄或以狭窄的基部与基物相连。菌盖半圆形、近扇形、近肾形、略圆形或贝壳状，单一或重叠，直径 3～5cm×4～8cm，厚 1.5～2mm，薄，表面平滑，淡灰褐色，褐色到淡黑褐色，有较稠密的同心环纹，边缘薄而锐，完整，稍波浪状。子实层呈蜂窝状，管孔小，灰白色，六角形。菌肉白色，薄。孢子椭圆形，无色，光滑。

【生态习性】　生于阔叶树木材或落枝上。

【化学成分】　从蜂窝菌的培养液中分离纯化到漆酶、木质素过氧化物酶，从子实体中分离到萜类化合物等成分。

【活性用途】　造成木材白腐。

【毒　　性】　未见报道。

【实物样品】

红鳞花边伞

【别　　名】　红垂幕菌、橙红垂幕菌、牛屎菌

【拉丁学名】　*Hypholoma cinnabarinum* Teng.

【分类地位】　担子菌门 / 蘑菇纲 / 蘑菇目 / 球盖菇科 / 垂幕菇属

【形态特征】　子实体小至中。菌盖幼时近半球形或近钟形，逐渐呈扁半球形，中部凸起，直径
3～10cm，初期橙黄色至橙红色，渐橘红色至土红色，表面密被绒毛或丛毛状鳞片，往往部分鳞
片脱落色变浅，盖缘表皮延伸有菌幕。菌肉近白色，成熟后变污白色至浅褐色，较薄。菌褶初期
灰白色至暗灰褐色，后期近黑色，近离生，稍密，不等长，边缘色淡呈污白色。菌柄长 3～10cm，
粗 0.4～1.0cm，近圆柱形，同盖色，有明显的绒毛状反卷鳞片，内部松软至变空心，基部稍膨大。
孢子印黑褐色。孢子卵圆形至近椭圆形，光滑，灰褐色。

【生态习性】　夏秋季生于林中地上，单生或散生。

【化学成分】　未见报道。

【活性用途】　未见报道。

【毒　　性】　有毒。食后引起胃肠炎型中毒。

【实物样品】

肝褐丝盖伞

【别　　名】　放射丝盖伞、肝褐毛锈伞

【拉丁学名】　*Inocybe radiata* Peck

【分类地位】　担子菌门 / 蘑菇纲 / 蘑菇目 / 丝盖伞科 / 丝盖伞属

【形态特征】　子实体较小，呈肝褐色。菌盖幼时钟形，直径 1.5～3.0cm，后期具辐射状裂纹和平状的纤维毛，边缘色浅。菌肉白色。菌褶稍密，锈褐色，不等长。菌柄长 3.0～6.0cm，粗 0.2～0.5cm，圆柱形，浅褐色，内部松软，具丝状纤毛。孢子不规则多角形，淡锈色，褶侧囊体梭形。

【生态习性】　夏秋季于林中地上成群生长。

【化学成分】　未见报道。

【活性用途】　未见报道。

【毒　　性】　有毒。误食中毒主要产生恶心、呕吐、腹泻等胃肠道症状，严重者会有生命危险。

【中毒救治】　立即呼叫救护车赶往现场或送往医院救治；同时立即用手指伸进咽部催吐，以减少毒素的吸收。

【实物样品】

裂丝盖伞

【别　　名】　裂毛锈伞

【拉丁学名】　*Inocybe rimosa* (Bull. : Fr.) Quél. ≡ *Inocybe rimosa* (Bull.) P. Kumm.

【分类地位】　担子菌门 / 蘑菇纲 / 蘑菇目 / 丝盖伞科 / 丝盖伞属

【形态特征】　子实体较小。菌盖幼时半球形至钟形，后期斗笠形至稍平展，中部凸起，直径 3～6.5cm，有丝状纤毛，往往辐射状开裂，黄褐色，边缘色稍浅。菌肉较薄，白色。菌褶凹生或近离生，淡乳白色或褐黄色，较密，不等长。菌柄长 2.5～6cm，粗 0.5～1.5cm，圆柱形，上部白色有小颗粒，下部有花纹及纤毛状鳞片，内实，基部稍膨大。孢子锈色，光滑，椭圆形或近肾形。

【生态习性】　夏秋季生于林中地上，群生或单生。

【化学成分】　未见报道。

【活性用途】　未见报道。

【毒　　性】　有毒，是一种分布广泛的毒菌。中毒后，潜伏期 0.5～2h，主要产生神经精神病状。出现大汗、流涎、瞳孔缩小、视力减弱、发冷或发热、牙关紧闭或小便后尿道刺痛、四肢痉挛等症状，有的精神错乱，甚至有的因大量出汗引起虚脱而死亡。

【中毒救治】　立即就医。早期催吐，或用阿托品疗效较好。

【实物样品】

茶褐丝盖伞

【别　　名】 茶色毛锈伞

【拉丁学名】 *Inocybe umbrinella* Bres.

【分类地位】 担子菌门 / 蘑菇纲 / 蘑菇目 / 丝盖伞科 / 丝盖伞属

【形态特征】 子实体较小，茶褐色。菌盖初期近钟形或斗笠形，后期近平展且中部明显凸起，直径 3～5.5cm，表面有茶褐色丝状条纹和毛，干时有丝光，顶部色深，边缘较浅，后期往往边缘开裂。菌肉污白色。菌褶朽叶色，边缘污白色，密，弯生，不等长。菌柄长 3～7cm，粗 0.4～0.7cm，圆柱形，初期污白色，后期呈淡褐色，纤维质，有丝光，基部膨大。孢子印锈褐色。孢子淡黄褐色，椭圆形至卵圆形，壁较厚。

【生态习性】 夏秋季于林中地上群生、单生或散生。

【化学成分】 未见报道。

【活性用途】 未见报道。

【毒　　性】 有毒。中毒引起精神、神经型反应。

【中毒救治】 立即就医。早期催吐。

【实物样品】

红 蜡 蘑

【别　　名】　红皮条菌、漆亮杯伞、漆蜡蘑、蜡质蜡蘑

【拉丁学名】　*Laccaria laccata* (Scop. : Fr.) Berk. & Br. ≡ *Laccaria laccata* (Scop. : Fr.) Cooke

【分类地位】　担子菌门 / 蘑菇纲 / 蘑菇目 / 轴腹菌科 / 蜡蘑属

【形态特征】　子实体小。菌盖近扁半球形，后期渐平展，中央下凹成脐状，直径 1～5cm，薄，肉红色至淡红褐色，湿润时水浸状，干燥时蛋壳色，边缘波状或瓣状并有粗条纹。菌肉粉褐色，薄。菌褶同菌盖色，直生或近延生，稀疏，宽，不等长，附有白色粉末。菌柄长 3～8cm，粗 0.2～0.8cm，圆柱形或有稍扁圆，下部常弯曲，同菌盖色，纤维质，韧，内部松软。孢子印白色。孢子无色或淡黄色，具小刺，圆球形。

【生态习性】　于林中地上或腐枝层上散生或群生，有时近丛生。

【化学成分】　含多糖和酚类化合物，从子实体中分离出脂肪酸及其酯、固醇类化合物、苯甲酰胺、苯甲酸衍生物等成分。

【活性用途】　可食用。具抗氧化、抗肿瘤作用。

【毒　　性】　未见报道。该菌与不少有毒真菌外形相似，不建议食用。

【实物样品】

硫 磺 菌

【别　　名】　硫磺干酪菌、硫色干酪菌、硫磺多孔菌、硫色多孔菌、乳色硫磺菌、奶油绚孔菌

【拉丁学名】　*Laetiporus sulphureus* (Fr.) Murrill ≡ *Laetiporus cremeiporus* Y. Ota & T. Hatt.

【分类地位】　担子菌门 / 蘑菇纲 / 多孔菌目 / 拟层孔菌科 / 绚孔菌属

【形态特征】　子实体大，无柄或具短柄，覆瓦状叠生，肉质至干酪质。菌盖扁平，宽 8～30cm，厚 1～2cm，表面硫磺色至鲜橙色，有细绒或无，有皱纹，无环带，边缘薄而锐，波浪状至瓣裂。孔口表面新鲜时奶油色至白色，成熟时淡黄色，多角形，每毫米 3～4 个，边缘薄，撕裂状，不育边缘窄。菌肉乳白色，厚可达 2cm。菌管与管面同色，长可达 1mm。孢子卵形，近球形，光滑，无色。

【生态习性】　春夏季生于阔叶树的活立木、倒木和树桩上。

【化学成分】　从子实体分离得到粗多糖。此菌可产生齿孔菌酸，还产生甜菜碱、胡芦巴碱（trigionelline）等生物碱。

【活性用途】　幼时可食用。药用有抗肿瘤作用，辅助治疗乳腺癌、前列腺癌。子实体粗多糖有抗氧化、抗菌和抑癌活性。此菌产生的齿孔菌酸可用于合成甾类药物。引起木材褐色块状腐朽。

【毒　　性】　未见报道。

【实物样品】

污白褐疣柄牛肝菌

【拉丁学名】 *Leccinum subradicatum* Hongo

【分类地位】 担子菌门 / 蘑菇纲 / 牛肝菌目 / 牛肝菌科 / 疣柄牛肝菌属

【形态特征】 子实体较小。菌盖扁球形至扁半球形，直径 3～7.5cm，表面污白色、淡褐色或淡灰褐色，平滑，湿时黏。菌肉白色，伤处变灰紫褐色。菌管管面污白色，后期变黄白色至污黄褐色，孔口小，伤处变暗色。菌柄长 6.5～9cm，粗 0.8～1.5cm，圆柱形且中部向下渐变细，基部根状，表面污白色，粗糙、有点及似有纵向网纹，内部变空心。孢子黄色，光滑，近纺锤状，有孔缘囊体。

【生态习性】 于林中地上单生或散生。

【化学成分】 未见报道。

【活性用途】 未见报道。

【毒 性】 具胃肠炎型毒素。

【实物样品】

大杯香菇

【拉丁学名】 *Lentinus giganteus* Berk. ≡ *Panus giganteus* (Berk.) Corner

【分类地位】 担子菌门 / 蘑菇纲 / 多孔菌目 / 多孔菌科 / 香菇属

【形态特征】 子实体大。菌盖幼时扁半球形至近扁平，中央下凹，逐渐呈漏斗状至碗状，直径 5～23cm，有白色鳞片，后期中部色深有小鳞片，边缘有明显或不明显条纹。菌肉白色，略有气味。菌褶白色至浅黄白色，稍密，较宽，不等长。菌柄长 5～18cm，粗 0.8～2.5cm，圆柱形，中生或稀偏生，污白色至白色，表面有绒毛，实心至松软，内部白色，基部向下延伸成根状。孢子印白色。孢子无色，光滑，椭圆形。褶侧囊体和褶缘囊体近棒状。

【生态习性】 夏秋季于常绿阔叶林地下的腐木上单生或群生。

【化学成分】 含多糖、蛋白质、氨基酸、凝集素、固醇类、酚类和三萜类化合物等成分。

【活性用途】 可食用。子实体提取物可促进神经细胞增殖，减轻化学物质引起的肝损伤。大杯香菇多糖可通过诱导凋亡抑制癌细胞增殖。

【毒　　性】 未见报道。

【实物样品】

美丽环柄菇

【拉丁学名】 *Lepiota epicharis* (B. et Br.) Sacc. ≡ *Lepiota puellaria* (Fr.) Rea.

【分类地位】 担子菌门 / 蘑菇纲 / 蘑菇目 / 蘑菇科 / 环柄菇属

【形态特征】 子实体小。菌盖扁平至近平展，中部凸起，直径 2.5～3.5cm，表面黄白色，中部具黑褐色鳞片，边缘整齐或撕裂。菌肉黄白色，薄。菌褶浅黄色，离生，稍稀，不等长。菌柄长 3.5～5cm，粗 0.4～0.6cm，椭圆柱形，黄灰色，有黑褐色鳞片及条纹，空心。菌环生菌柄上部，易脱落。孢子黄色，光滑，椭圆形。

【生态习性】 夏秋季于阔叶林地上单生或散生。

【化学成分】 未见报道。

【活性用途】 未见报道。

【毒　　性】 有人认为有毒，不宜随意采食。

【实物样品】

纯黄白鬼伞

【别　　名】　黄色白鬼伞、黄环柄菇、黄色柄菇、膜盖环柄菇、金黄色环柄菇

【拉丁学名】　*Leucocoprinus birnbaumii* (Corda) Singer ≡ *Leucocoprinus luteus* (Bolt. ex Secr.) Locg.

【分类地位】　担子菌门 / 蘑菇纲 / 蘑菇目 / 蘑菇科 / 白鬼伞属

【形态特征】　子实体较小，柠檬黄色。菌盖初期钟形或斗笠形，后期稍平展，直径 2～5cm，表面有一层柠檬黄色粉末，边缘具细长条棱。菌肉黄白色，薄，质脆。菌褶淡黄色至白黄色，离生，不等长，稍密，边缘粗糙。菌柄细长，长 4～8cm，粗 0.2～0.5cm，向下渐粗，表面被一层柠檬黄色粉末，内部空心，质脆。菌环膜质，薄，生菌柄上部，易脱落。孢子印白色。孢子光滑，近卵圆形，无色。

【生态习性】　夏秋季散生或群生于林地、道旁、田野等地上及室内花盆中。

【化学成分】　含羟基吲哚类物质（黄色）及多种脂肪酸等成分。

【活性用途】　一种非常美丽的观赏菌类，有一定抑制微生物生长的作用。

【毒　　性】　有毒。能引起剧烈胃痛。

【中毒救治】　误食后，及时就医，可采取催吐、洗胃等措施救治。

【实物样品】

薄脆白鬼伞

【别　　名】　脆黄白鬼伞、易脆白鬼伞、易碎白鬼伞

【拉丁学名】　*Leucocoprinus fragilissimus* (Ravenel ex Berk. & M. A. Curtis) Pat. ≡ *Lepiota licmophora* (Berk. & Br.) Sacc. ≡ *Leucocoprinus licmophorus* (Berk. & Br.)

【分类地位】　担子菌门 / 蘑菇纲 / 蘑菇目 / 蘑菇科 / 白鬼伞属

【形态特征】　子实体小，淡黄色。菌盖初期圆锥形、钟形，后期近平展，直径 2～7cm，中央色深，膜质，易碎，具辐射状褶纹，近白色，被黄色至浅绿黄色粉质细鳞。菌肉极薄。菌褶离生，黄白色。菌柄细长，长 5～10cm，直径 2～4mm，圆柱形，基部膨大，附有毛状鳞片，空心，质脆。菌环上位，膜质。孢子印白色。孢子卵状椭圆形至宽椭圆形，有明显芽孔，光滑。

【生态习性】　春季至秋季生于林中或草丛中地上。

【化学成分】　未见报道。

【活性用途】　未见报道。

【毒　　性】　未见报道。

【实物样品】

褐紫鳞白鬼伞

【别　　名】欧芝白鬼伞

【拉丁学名】*Leucocoprinus otsuensis* Hongo

【分类地位】担子菌门 / 蘑菇纲 / 蘑菇目 / 蘑菇科 / 白鬼伞属

【形态特征】子实体小。菌盖幼时卵圆形或近似圆锥形，后期渐平展，中部稍凸起，直径 2～6cm，表面浅红褐色，边缘白色，有细条棱和纤毛，被暗褐红或紫褐色棉絮状小鳞片，中部鳞片密集而向边缘渐少。菌肉白色，较薄。菌褶白色，较密，离生，不等长。菌柄长 3～11cm，粗 0.3～0.5cm，圆柱形，向下渐粗，基部膨大，中上部白色，中下部肉红至浅红褐色并有细点状小鳞片，内部空心。菌环膜质，渐收缩，边缘暗色，可脱落。孢子印白色。孢子椭圆形至卵圆形，无色，具明显芽孔。

【生态习性】夏秋季于榕树等树桩附近单生或群生。

【化学成分】未见报道。

【活性用途】未见报道。

【毒　　性】未见报道。

【实物样品】

小 马 勃

【别　　名】 小灰包

【拉丁学名】 *Lycoperdon pusillum* Batsch.: Pers.

【分类地位】 担子菌门 / 蘑菇纲 / 蘑菇目 / 蘑菇科 / 马勃属

【形态特征】 子实体小，近球形，宽 1～1.8cm，罕达 2cm，初期白色，后期变土黄色及浅茶色，无不孕基部，由根状菌丝索固定于基物上。外包被由细小易脱落的颗粒组成。内包被薄，光滑，成熟时顶尖有小口。内部蜜黄色至浅茶色。孢子浅黄色，近光滑，有时具短柄，球形。

【生态习性】 夏秋季生于草地上。

【化学成分】 未见报道。

【活性用途】 具止血、消肿、解毒、清肺、利喉的作用。可治疗慢性扁桃腺炎、喉炎、声音嘶哑、感冒咳嗽及各种出血。

【毒　　性】 未见报道。

【实物样品】

巨大口蘑

【别　　名】　大白口蘑、洛巴口蘑

【拉丁学名】　*Macrocybe gigantea* (Massee) Pegler & Lodge ≡ *Tricholoma giganteum* Massee

【分类地位】　担子菌门 / 蘑菇纲 / 蘑菇目 / 口蘑科 / 大口蘑属

【形态特征】　子实体中至大，白色。菌盖初期半球形或扁半球形，直径 8～23cm，白色、污白色至浅奶油色，成熟后色变暗，厚，边缘内卷，后期扁平至稍平展，中央微下凹，表面平滑或偶有小突起，边缘波状或部分卷曲。菌肉白色，致密，具菇香味。菌褶白色或微黄色，不等长，密生。菌柄长 8～28cm，粗 1.5～4.6cm，长圆柱形，中生，易弯曲，幼时粗壮明显，膨大似瓶，基部往往联合成一大丛，同盖色，表面有细线条纹，实心。孢子印白色。孢子光滑，含 1 油球，卵圆形或宽椭圆形。

【生态习性】　夏秋季于凤凰木等树桩附近、榕树下、竹丛中的沃土或草地上丛生。

【化学成分】　含蛋白质、氨基酸、多糖、甘露醇、脂肪、烷烃、酯类、醇类、脂肪酸类和烯烃等成分。

【活性用途】　可食用。在亚洲长期以来一直作为一种民间药物，其作用主要有抗氧化、抗肿瘤、降血压、抗辐射、抗菌和抗病毒等。

【毒　　性】　未见报道。

【实物样品】

高大环柄菇

【别　　名】　高脚环柄菇、高环柄菇、高脚菇、雨伞菌、棉花菇

【拉丁学名】　*Macrolepiota procera* (Scop.) Singer

【分类地位】　担子菌门 / 蘑菇纲 / 蘑菇目 / 蘑菇科 / 大环柄菇属

【形态特征】　子实体一般比较高大。菌盖初期卵圆形、半球形，后期平展而中凸，直径 10～30cm，中部褐色，有锈褐色大片状鳞片开裂并脱落。菌肉白色，较厚。菌褶白色，离生，较宽，较密，不等长。菌柄长 15～32cm，直径 0.6～2.0cm，圆柱形，直立，近纤维质，中空，向下渐粗，表面有深褐色环纹状鳞片，基部膨大。菌环大而膜质，双层，易脱落，在菌柄上可上下移动。孢子印白色。孢子无色，光滑，卵圆形。

【生态习性】　在排水良好的土壤中是相当常见的蕈类，可单独生长、群聚生长或形成蘑菇圈，通常生长于草原，也可能在林地上被发现。

【化学成分】　含蛋白质、氨基酸、维生素、矿物质等多种营养成分，尤以人体必需的 8 种氨基酸含量高而著称，此外还含豆荚蛋白、木瓜蛋白酶和多种组织蛋白酶等，具半胱氨酸蛋白酶拮抗作用。

【活性用途】　高大环柄菇是欧洲十分常见、受欢迎的真菌，通常只有蕈伞被使用，但因有轻微毒性而不建议直接食用。

【毒　　性】　轻微毒性。

【实物样品】

枝生微皮伞

【别　　名】 枝干小皮伞

【拉丁学名】 *Marasmiellus ramealis* (Bull. : Fr.) Singer

【分类地位】 担子菌门 / 蘑菇纲 / 蘑菇目 / 类脐菇科 / 微皮伞属

【形态特征】 子实体小。菌盖幼时扁半球形，后期渐平展，往往中部稍下凹，直径 0.5～1.5cm，浅肉色至淡黄褐色，初期边缘内卷，后期有沟条纹。菌肉近白色，薄。菌褶白色，较稀，近延生，不等长。菌柄细短，长 0.5～1.5cm，直径 1～4mm，圆柱形或弯曲，上部色淡，下部为褐色至深褐色，表面被粉状颗粒，基部有绒毛，实心。孢子披针形至椭圆形，囊状体袋形，顶具小突起。

【生态习性】 夏秋季于枯枝或草本植物茎上生长。

【化学成分】 从培养物中分离出萜类化合物、雄甾烷衍生物、蜂蜜曲菌素衍生物和苯并噁嗪酮衍生物等成分。

【活性用途】 可食用。此菌产生的小皮伞素对分枝杆菌和肿瘤细胞有抑制作用，雄甾烷衍生物和萜类化合物对乙酰胆碱酯酶有较高的抑制活性。

【毒　　性】 未见报道。

【实物样品】

乳白黄小皮伞

【拉丁学名】 *Marasmius bekolacongoli* Beel

【分类地位】 担子菌门 / 蘑菇纲 / 蘑菇目 / 小皮伞科 / 小皮伞属

【形态特征】 子实体小。菌盖钟形或斗笠形或近扁平，直径 0.8～4.5cm，中央褶皱似脐状并辐射出深的沟条，乳黄色或奶酪色至白色，沟条紫褐色，脐部暗色。菌肉近白色。菌褶污白色至灰黄色，直生，有横脉，稀。菌柄长 4～12cm，粗 0.1～0.3cm，紫褐色，有白色细微绒毛，基部膨大，有白色毛。孢子无色，光滑，近棒状椭圆形。

【生态习性】 春季至秋季生于林中地上。

【化学成分】 未见报道。

【活性用途】 未见报道。

【毒　　性】 未见报道。

【实物样品】

大盖小皮伞

【别　　名】 大皮伞

【拉丁学名】 *Marasmius maximus* Hongo

【分类地位】 担子菌门 / 蘑菇纲 / 蘑菇目 / 小皮伞科 / 小皮伞属

【形态特征】 子实体中。菌盖初期近钟形、扁半球至近平展，中部凸起或平，直径 3～10cm，浅粉褐色或淡土黄色，中央色深色，干时表面发白色，有明显的放射状沟纹。菌肉白色，薄，似革质。菌褶弯生至近离生，宽，稀，不等长，同盖色。菌柄细，长 5～10cm，粗 0.2～0.4cm，柱形，质韧，表面有纵条纹，上部似有粉末，内部实心。孢子椭圆形，无色，光滑。

【生态习性】 春夏秋季于林中腐枝落叶层上散生、群生或有时近丛生。

【化学成分】 发酵液中分离出甾类化合物、邻苯二甲酸二异丁酯、三亚麻油酸甘油酯、5- 羟甲基 -1-2- 呋喃甲醛等成分。

【活性用途】 可食用。

【毒　　性】 未见报道。

【实物样品】

硬柄小皮伞

【别　　名】　硬柄皮伞、仙环小皮伞

【拉丁学名】　*Marasmius oreades* (Bolton) Fr.

【分类地位】　担子菌门 / 蘑菇纲 / 蘑菇目 / 小皮伞科 / 小皮伞属

【形态特征】　子实体较小。菌盖幼时扁平球形，成熟后逐渐平展，中部平或稍凸，直径 2.5～5cm，浅肉色至黄褐色，光滑，边缘平滑或湿时稍显出条纹。菌肉近白色，薄。菌褶白色至污白色，宽，稀，离生，不等长。菌柄长 4～6cm，粗 0.2～0.4cm，圆柱形，光滑，内实。孢子印白色。孢子无色，光滑，椭圆形。

【生态习性】　夏秋季于草地上群生并形成蘑菇圈，有时生林中地上。

【化学成分】　含 B 型凝集素、固醇类化合物、脂肪酸、微量元素等成分。

【活性用途】　可食用。药用治疗腰腿疼痛、肢体麻木、筋络不适，有报道称具抗癌作用。分离的单体化合物体外对乙酰胆碱酯酶有抑制活性，具神经保护作用。

【毒　　性】　含氰苷真菌。凝集素还可以引起肾脏血栓性微血管病变。

【中毒救治】　及时就医，采取催吐、洗胃等措施救治。

【实物样品】

小白小皮伞

【别　　名】　白小皮伞

【拉丁学名】　*Marasmius rotula* (Scop. ex Fr.) Fr.

【分类地位】　担子菌门 / 蘑菇纲 / 蘑菇目 / 小皮伞科 / 小皮伞属

【形态特征】　子实体小。菌盖初期半球形，后期近扁平，中部下凹呈脐状，直径 0.5～1.5cm，薄，膜质，边缘向内曲，有明显的沟条，白色至污白色。菌肉白色，很薄。菌褶白色，直生，不等长，稍密或稍稀。菌柄长 1～5cm，粗 0.1～0.15cm，近革质，弯曲，表面光滑，内实，上部褐黄色，中下部黑褐色至黑色。孢子印白色。孢子光滑，椭圆形。

【生态习性】　夏秋季生于腐木及枯枝上，群生。

【化学成分】　含过氧化物酶等成分。

【活性用途】　此菌产生的过氧化物酶可用于生物合成化合物。

【毒　　性】　未见报道。

【实物样品】

相邻小孔菌

【别　　名】 褐红小孔菌

【拉丁学名】 *Microporus affinis* (Blume & T. Nees) Kuntze

【分类地位】 担子菌门 / 蘑菇纲 / 多孔菌目 / 多孔菌科 / 小孔菌属

【形态特征】 子实体小至中，具侧生柄或几乎无柄，木栓质。菌盖半圆形至扇形，外伸可达5cm，宽可达 8cm，基部厚可达 5mm，表面淡黄色至黑色，具明显的环纹和环沟。孔口表面新鲜时白色至奶油色，干后淡黄色至赭石色，圆形，每毫米 7～9 个，边缘薄，全缘。菌肉干后淡黄色，厚可达 4mm。 菌管与管面同色，长可达 2 mm。菌柄长可达 2cm，直径可达 6mm，暗褐色至褐色，光滑。孢子印白色。孢子椭圆形，无色，薄壁，光滑。

【生态习性】 季春至秋季群生于阔叶树倒木或落枝上。

【化学成分】 从发酵液中分离到固醇类化合物和杜松烷型倍半萜等成分。

【活性用途】 未见报道。

【毒　　性】 未见报道。

【实物样品】

扇形小孔菌

【别　　名】　毛褐扇、扇状云芝

【拉丁学名】　*Microporus flabelliformis* (Kl. : Fr.) O. Kuntze ≡ *Coriolus flabelliformis* (Fr.) Aoshima ≡ *Polystictus flabelliformis* Fr.

【分类地位】　担子菌门 / 蘑菇纲 / 多孔菌目 / 多孔菌科 / 小孔菌属

【形态特点】　子实体一般较小。菌盖扇形，直径 2～5cm，厚 0.1～0.3cm，黄褐色、锈褐色或栗色，稀呈黑褐色，薄，革质，平展，有同心环纹，边缘薄而波状或开裂，初期有细绒毛，渐变光滑至光亮。菌管小，圆形，管面白色至黄白色，靠盖边缘无子实层。菌肉白色，纤维质。菌柄侧生，基部着生部位呈吸盘状，浅褐色至暗褐色。孢子光滑，椭圆形。

【生态习性】　夏秋季生于阔叶树倒腐木上或枯枝上，丛生。

【化学成分】　含脂肪酸如十六碳饱和脂肪酸、十八碳不饱和脂肪酸，麦角固醇，过氧化物，9(11)- 去氢麦角固醇过氧化物，麦角甾 7,22- 二烯 -3β- 醇等成分。

【活性用途】　固醇类过氧化物有免疫抑制活性，可抑制小鼠脾淋巴细胞增殖。

【毒　　性】　未见报道。

【实物样品】

地衣珊瑚菌

【别　　名】 洁多枝瑚菌、洁地衣棒瑚菌

【拉丁学名】 *Multiclavula clara* (Berk. & M. A. Curtis) R. H. Petersen

【分类地位】 担子菌门 / 蘑菇纲 / 鸡油菌目 / 锁瑚菌科 / 地衣棒瑚菌属

【形态特征】 子实体群生、单根直立，高约 3cm，细棒状，生于裸露的地表。新鲜时浅橘黄色，干后呈褐橙色，基部微红，与藻类相伴生。菌肉菌丝平行排列，壁较厚，有锁状联合，但少而不明显。担子短，往往紧接锁状联合的上端。营养菌丝近于双叉分枝，尖部多膨大呈球形。孢子椭圆形，壁光滑，具较钝的弯尖头。

【生态习性】 春季至秋季生于林下近木桩处土壤表面。

【化学成分】 未见报道。

【活性用途】 可作为监测空气污染的指示生物。

【毒　　性】 未见报道。

【实物样品】

竹林蛇头菌

【拉丁学名】 *Mutinus bambusinus* (Zoll.) E. Fischer

【分类地位】 担子菌门 / 蘑菇纲 / 鬼笔目 / 鬼笔科 / 蛇头菌属

【形态特征】 子实体高 8～13cm 或更长。菌托白色至米黄色，椭圆或卵圆形，高 2～3.5cm，粗 1.5cm，头部产孢，部分圆锥形，长 2～3.5cm，亮红色或深红色，有疣状皱纹，顶端有孔口，附着黏稠暗青绿色孢体，气味臭。菌柄 0.5～1.5cm，细长柱形，海绵状，橘红色，向基部色浅，中空。孢子青绿色，近筒形。

【生态习性】 夏秋季于竹林、阔叶林地上和庭园地上散生至群生。

【化学成分】 未见报道。

【活性用途】 药用。外用能解毒消肿。

【毒　　性】 未见报道。

【实物样品】

金平木层孔菌

【拉丁学名】 *Phellinus kanehirae* (Yasuda) Ryvarden

【分类地位】 担子菌门 / 蘑菇纲 / 锈革菌目 / 锈革菌科 / 木层孔菌属

【形态特征】 子实体覆瓦状叠生，无柄或具侧生短柄。菌盖半圆形或扇形，外伸可达 7cm，宽可达 10cm，厚可达 1cm，表面新鲜时黄褐色，干后灰褐色，被绒毛，具明显的同心环带，边缘锐。孔口表面新鲜时暗褐色，干后黑褐色，具弱折光反应，圆形，每毫米 6～7 个，边缘薄，全缘或撕裂状。菌肉暗褐色，异质，层间具黑线，可达 5mm。菌管干后灰褐色，长可达 5mm。孢子宽椭圆形，浅黄色，厚壁，光滑。

【生态习性】 春季至秋季生于阔叶树死树和倒木上。

【化学成分】 未见报道。

【活性用途】 未见报道。

【毒　　性】 未见报道。

【实物样品】

美丽褶孔牛肝菌

【别　　名】　美丽褶孔菌

【拉丁学名】　*Phylloporus bellus* (Massee) Corner

【分类地位】　担子菌门 / 蘑菇纲 / 牛肝菌目 / 牛肝菌科 / 褶孔牛肝菌属

【形态特征】　子实体较小。菌盖幼时半球形至平展，中部下凹似浅杯状，直径 3～7cm，浅红褐色或赤褐色，稍黏，绒毛状或有小鳞片，边缘内卷或向上翘起。菌肉黄白色，伤处不变色。菌褶鲜黄或绿黄色，延生或有分叉及横脉。菌柄长 3～4cm，粗 0.6～0.8cm，往往上部粗下部变细，略偏生，浅黄褐色，有纸条纹或绒毛。孢子浅黄色，光滑，长椭圆形。

【生态习性】　夏秋季于林中地上单生或散生。

【化学成分】　未见报道。

【活性用途】　可食。

【毒　　性】　未见报道。

【实物样品】

彩色豆包菌

【别　　名】 豆包菌、彩色豆马勃、豆包、豆苞菇、

【拉丁学名】 *Pisolithus tinctorius* (Pers.) Coker & Couch

【分类地位】 担子菌门 / 蘑菇纲 / 牛肝菌目 / 硬皮马勃科 / 豆马勃属

【形态特征】 子实体球形或近似头状，直径 2.5～18cm，下部显然缩小形成柄基部。菌柄长 1.5～5cm，粗 1～3.5cm，由一团青黄色的菌丝固定于附着物上。被膜薄，光滑，易碎，初期米黄色，后期变为浅锈色，最后为青褐色，成熟后上部片状脱落。内部有无数小包，埋藏于黑色胶质物中，小包幼期黄色，后期变为褐色，不规则多角形，通常扁形，直径 1～4mm。包内含孢子，包壁在空气中逐渐消失，使孢子散落。孢子球形，有刺，成堆时咖啡色。

【生态习性】 夏秋季于松树等林中沙地上单生或群生。

【化学成分】 含三萜类化合物、固醇类化合物、脂肪酸及酞酸衍生物等成分，其中固醇类成分包括豆包菌固醇、甲基豆包菌固醇和麦角固醇过氧化物等。

【活性用途】 具消肿、止血的作用。可将孢子粉适量散敷在伤口上，治疗外伤出血，冻疮流脓流水，还可治疗食道及胃出血，以及用于治疗肺热咳嗽、咽喉肿痛、咯血等。该菌孢子提取物对多种癌细胞有明显细胞毒作用，三萜可能是其主要活性成分。此外，固醇类化合物有免疫抑制作用。

【毒　　性】 未见报道。

【实物样品】

白 侧 耳

【拉丁学名】 *Pleurotus albellus* (Pat.) Pegler ≡ *Lentinus albellus* Pat.

【分类地位】 担子菌门 / 蘑菇纲 / 蘑菇目 / 侧耳科 / 侧耳属

【形态特征】 子实体中至大。菌盖平展，中部下凹呈漏斗形或扇形，直径 4～11cm，白色，干，肉质，近光滑，或干时表面撕裂反卷成鳞片状，边缘有条纹。菌肉白色，无明显气味。菌褶白色，盖缘处每厘米 20～25 片，不等长，短延生，近缘处有小菌褶，褶缘微锯齿状。菌柄长 1～8cm，粗 0.5～1.5cm，圆柱状，中生至近侧生或偏生，实心，白色，初期被绒毛，后期近光滑，表皮常撕裂，柄基部常数个联结一起。孢子卵圆形或椭圆形，光滑，无色。

【生态习性】 夏秋季在腐木上群生或丛生。

【化学成分】 未见报道。

【活性用途】 可食用。

【毒　　性】 未见报道。

【实物样品】

小 白 侧 耳

【别　　名】 小白侧耳

【拉丁学名】 *Pleurotus limpidus* (Fr.) Gill.

【分类地位】 担子菌门 / 蘑菇纲 / 蘑菇目 / 侧耳科 / 侧耳属

【形态特征】 子实体小。菌盖半圆形、倒卵形、肾形或扇形，直径 2～4.5cm，无后沿，光滑，水浸状，纸白色。菌肉白色，薄，脆。菌褶白色，延生，稍密或稠密，半透明。菌柱近圆柱形，侧生，白色，长 2～3cm，具细绒毛，内部实心。孢子印白色。孢子无色，光滑，长方椭圆形。

【生态习性】 夏秋季生于阔叶树倒木上，常呈覆瓦状生长。

【化学成分】 未见报道。

【活性用途】 可食用。此菌可导致树木木材腐朽。新鲜子实体在夜晚发萤光。子实体提取物有抗肿瘤作用。

【毒　　性】 未见报道。

【实物样品】

菌 核 侧 耳

【别　　名】 虎奶菇、虎奶菌、核耳菇、茯苓侧耳、南洋茯苓

【拉丁学名】 *Pleurotus tuber-regium* (Rumph. : Fr.) Singer ≡ *Lentinus tuber-regius* (Fr.) Fr.

【分类地位】 担子菌门 / 蘑菇纲 / 蘑菇目 / 侧耳科 / 侧耳属

【形态特征】 子实体中至大。菌盖漏斗状到杯状，中部明显下凹，直径 8～20cm，灰白色至红褐色，初期肉质，表面光滑，中部有小的平伏状鳞片。边缘无条纹，薄，初期内卷，后期伸展，有时有沟条纹。菌褶浅污黄色至淡黄色，延生，不等长，薄而窄。菌柄长 3.5～13cm，粗 0.7～2cm，圆柱形，常中生，同盖色且有小鳞片或有绒毛，内部实心，基部膨大，生于菌核上。菌核卵圆形、椭圆形或块状，直径 10～25 cm，表面光滑，暗色，内部实而近白色。孢子无色，光滑，壁薄，含少量颗粒，长椭圆形到近柱形。

【生态习性】 生于菌核上。

【化学成分】 含氨基酸、蛋白质、多糖、固醇、生物碱、酚类、黄酮类、烷烃等成分。

【活性用途】 可食用。可人工栽培。药用滋补强壮、解毒收敛、化积、降血脂，对慢性、过敏性、虚寒性顽咳，小儿咳嗽、哮喘有很好的疗效，可消除肺部污染物。虎奶多糖具增强人体免疫能力、抑制多种肿瘤生长的作用。酚类和黄酮类成分有抗氧化作用。

【毒　　性】 未见报道。

【实物样品】

大孔多孔菌

【别　　名】　大孔菌、棱孔菌、蜂窝菌

【拉丁学名】　*Polyporus alveolaris* (DC. : Fr.) Bond. et Singer ≡ *Favolus alveolaris* (DC. : Fr.) Quel.

【分类地位】　担子菌门 / 蘑菇纲 / 多孔菌目 / 多孔菌科 / 多孔菌属

【形态特征】　子实体中等大，有侧生或偏生短柄。菌盖肾形至扇形至圆形，偶漏斗状，后期往往下凹，3～6cm×1～10cm，厚 0.2～0.7cm，新鲜时韧肉质，干后变硬，无环纹，初期浅朽叶色，并有由纤毛组成的小鳞片，后期近白色，光滑，边缘薄常内卷。菌肉白色，厚 0.1～0.2cm。菌管长 1～5 mm，近白色至浅黄色。管口辐射状排列，长 1～3 mm，宽 0.5～2.5mm，管壁薄，常锯齿状。孢子圆柱形。

【生态习性】　春夏季生于阔叶树枯枝上。

【化学成分】　从新鲜子实体中分离出一种分子质量为 28kDa 的均双链多肽。

【活性用途】　该菌提取物具诱导巨噬细胞抗肿瘤的作用。新鲜子实体中分离出的多肽具抗真菌作用。可致多种阔叶树倒木的木质部形成白色杂斑腐朽。

【毒　　性】　未见报道。

【实物样品】

漏斗多孔菌

【别　　名】　漏斗大孔菌、漏斗棱孔菌

【拉丁学名】　*Polyporus arcularius* (Batsch) Fr. ≡ *Favolus arcularius* (Batsch) Fr.

【分类地位】　担子菌门 / 蘑菇纲 / 多孔菌目 / 多孔菌科 / 多孔菌属

【形态特征】　子实体较小。菌盖初期扁平，随后中部下凹呈脐状，后期边缘平展或翘起，似漏斗状，直径 1.5～5cm，薄，褐色、黄褐色至深褐色，有深色鳞片，无环带，边缘有长毛，新鲜时韧肉质，柔软，干后变硬且边缘内卷。菌肉薄，白色或污白色。菌管白色，延生，长 1～4mm，干时草黄色，管口近长方圆形，辐射状排列。菌柄长 2～8cm，粗 1～5cm，圆柱形，中生，同盖色，往往有深色鳞片，基部有污白色粗绒毛。孢子无色，长椭圆形，平滑。

【生态习性】　夏秋季于多种阔叶树死树或倒木上单生或数个簇生。

【化学成分】　含多种酶类如漆酶、羧甲基纤维素酶等。从其发酵液中分离到甾类化合物、萜类化合物、隐孔菌类和异隐孔菌类化合物、阿洛醇、对羟基苯甲醛和胡萝卜苷等成分。

【活性用途】　幼时可食用。引起木材白色腐朽。药用具抗菌、抗肿瘤活性。

【毒　　性】　未见报道。

【实物样品】

骨质多孔菌

【别　　名】 硬树掌

【拉丁学名】 *Polyporus osseus* Kalchbr.

【分类地位】 担子菌门 / 蘑菇纲 / 多孔菌目 / 多孔菌科 / 多孔菌属

【形态特征】 子实体中至较大，有侧生短柄或仅有柄状基部。菌盖扁半球形，直径 6～12cm×4～8cm，厚可达 0.5～1.5cm，丛生成覆瓦状，半肉质，含水汁多，干后硬而坚实，平滑，白色至污白色，干时浅黄色，边缘薄而锐。菌肉白色，新鲜时软，干后坚硬。菌管延生，长 1～3mm，白色，干后呈浅黄色。管口多角形，每毫米 3～5 个。担子有 4 小梗。菌丝有锁状联合。孢子短柱形，光滑，无色。

【生态习性】 夏秋季生于山区落叶松等倒腐朽木上，丛生，有时单生。

【化学成分】 未见报道。

【活性用途】 未见报道。

【毒　　性】 未见报道。

【实物样品】

亚美尼亚小脆柄菇

【拉丁学名】 *Psathyrella armeniaca* Pegler

【分类地位】 担子菌门 / 蘑菇纲 / 蘑菇目 / 小脆柄菇科 / 小脆柄菇属

【形态特征】 子实体小。菌盖中部凸起，直径 2～4.5cm，锈褐色或浅色，中部色深，有小鳞片及云母状光泽，膜质，边缘色浅且有细条纹。菌肉浅褐色，薄。菌褶烟黑色。菌柄长 5～6cm，粗 0.2～0.25cm，白色细弱，质脆。孢子暗褐色，光滑，顶端平截，柠檬形。

【生态习性】 夏秋季于阔叶林中腐木或地上群生或散生。

【化学成分】 未见报道。

【活性用途】 未见报道。

【毒　　性】 未见报道。

【实物样品】

白黄小脆柄菇

【别　　名】　黄盖小脆柄菇、花边伞、薄垂幕菇

【拉丁学名】　*Psathyrella candolleana* (Fr.) A. H. Smith

【分类地位】　担子菌门 / 蘑菇纲 / 蘑菇目 / 小脆柄菇科 / 小脆柄菇属

【形态特征】　子实体较小。菌盖初期卵形，后期钟形至平展，老时辐射状开裂，水浸后呈半透明状，宽 2.5～7cm，质脆，稍黏，浅棕灰色，盖顶浅黄色，干后浅肉色到浅褐色，平滑或稍皱，初期菌盖边缘垂挂白色菌幕残片而形成花边。菌肉白色，薄。菌褶直生到离生，初期浅褐色，后期变为深紫褐色，褶缘白色，稍密，不等长。菌柄细，长 4～8cm，粗 0.2～0.7cm，圆柱形，脆，白色，中空，有平伏的丝状纤毛，长纵裂，具丝光。孢子印紫褐色。孢子暗褐色，椭圆形，光滑。

【生态习性】　夏秋季生于林中地上、田野、路旁等，罕生于腐朽的木桩上，单生至丛生。

【化学成分】　有从该菌发酵液提取物的乙酸乙酯层中分离得到一个新的血苋烷型倍半萜 15-hydroxy-drimenol 和一个已知的没药烷型倍半萜 1α-hydroxy-bisabola-2,10-dien-4-one。

【活性用途】　可食用，且往往子实体小，易破碎，宜于新鲜时食用。

【毒　　性】　未见报道。

【实物样品】

钝小脆柄菇

【拉丁学名】 *Psathyrella obtusata* (Fr.) A. H. Smith
【分类地位】 担子菌门 / 蘑菇纲 / 蘑菇目 / 小脆柄菇科 / 小脆柄菇属
【形态特征】 子实体较小。菌盖锥形、钟形至扁半球形，直径 1～3cm，暗褐色至黄褐色，中部色稍深，菌盖边缘有白色絮膜，具明显长条棱。菌肉薄。菌褶灰褐色至暗灰黑色，边缘色浅至白色。菌柄细长，长 3～7.5cm，粗 0.3～0.5cm，污白色，中空，基部稍膨大且有白绒毛。
【生态习性】 夏秋季于针阔林地上单生或群生。
【化学成分】 未见报道。
【活性用途】 未见报道。
【毒　　性】 未见报道。
【实物样品】

血红密孔菌

【别　　名】　血红栓菌

【拉丁学名】　*Pycnoporus sanguineus* (L.) Murrill

【分类地位】　担子菌门 / 蘑菇纲 / 多孔菌目 / 多孔菌科 / 密孔菌属

【形态特征】　子实体小至中，无柄或近无柄。菌盖半圆形至扇形，木栓质，直径 2～10cm，厚 2～6mm，表面平滑或稍有细毛，初期血红色，后期褪至苍白，往往呈现深淡相间的环纹或环带。菌管长 1～2mm，管口细小，圆形，暗红色。孢子椭圆形，无色，光滑。

【生态习性】　夏秋季于栎、槭、杨、柳等阔叶树和松、杉等针叶树枯立木、倒木、伐木桩上群生或叠生。

【化学成分】　从该菌分离到的成分有：漆酶、多糖、纤维二糖脱氢酶、乳糖酶、酸性羧肽酶、色素、朱红菌素等。

【活性用途】　子实体可药用，具抗细菌、抗肿瘤、祛风湿、止血、止痒等作用。可以抑制大肠杆菌、肺炎杆菌、绿脓假单胞菌、伤寒杆菌、金黄色葡萄球菌及链球菌生长，对革兰氏阳性菌更为显著。其部分多糖具肿瘤抑制作用，但也有多糖可促进肿瘤增殖。朱红菌素具较强的抗病毒作用，漆酶可以用于脱色。此外，该菌还可作为 α 淀粉酶的新来源。

【毒　　性】　未见报道。

【实物样品】

玫瑰须腹菌

【别　　名】红根须腹菌

【拉丁学名】*Rhizopogon roseolus* (Corda) Th. Fr.

【分类地位】担子菌门 / 蘑菇纲 / 牛肝菌目 / 须腹菌科 / 须腹菌属

【形态特征】子实体一般较小，扁球形至近圆球形或形状不规则，直径1～6cm，表面近平滑，白色或有红色色调，成熟淡黄褐色，伤处变红色，表皮基部开始充实，白色，后期成迷路状，变黄色或暗褐色。孢子长椭圆形，无色，光滑。

【生态习性】春季至秋季生于林中沙质土壤里，群生，多数半地下生。

【化学成分】含蛋白质、脂肪、碳水化合物、粗纤维等，蛋白质含量超过香菇、金针菇等重要食用菌。

【活性用途】可食用，味鲜美。具抗肿瘤活性。

【毒　　性】未见报道。

【实物样品】

裂 褶 菌

【别　　名】　白参、树花、白花、鸡冠菌、鸡毛菌

【拉丁学名】　*Schizophyllum commune* Fr.

【分类地位】　担子菌门 / 担子菌纲 / 伞菌目 / 裂褶菌科 / 裂褶菌属

【形态特征】　子实体小。菌盖扇形或肾形，直径 0.6～4.2cm，质韧，白色至灰白色，被绒毛或粗毛，常掌状开裂，盖缘内卷，有条纹，多瓣裂，干时卷缩，湿时恢复原状。菌肉薄，革质，白色。菌褶窄，从基部辐射而出，白色或灰白色，有时淡紫色，沿边缘纵裂而反卷。菌柄短或无。孢子印白色。孢子圆筒形，无色。

【生态习性】　春季至秋季生于阔叶树及针叶树的枯枝及倒木上，是段木栽培香菇、木耳等木腐菌生产中的常见"杂菌"。也能生在活树和枯死的禾本科植物、竹类或野草上。

【化学成分】　含碳水化合物如多糖（裂褶菌素），蛋白质，黄酮，矿质元素 Ca、Fe、Zn、Cu、Mn、Mg、Na、K、Pb、Se，维生素 B_1、维生素 B_2、维生素 C，烟酸，β- 胡萝卜素；测得的 17 种氨基酸中，7 种必需氨基酸含量占氨基酸总量 40%，非必需氨基酸以天冬氨酸和谷氨酸的含量较高。含较强活性的纤维素酶，能产生苹果酸，菌丝深层发酵时可产生大量有机酸，还可产生生长素吲哚乙酸。有研究者从裂褶菌子实体醇提取物中分离得到 5α,8α- 过氧麦角甾 -6,22*E*- 二烯 -3β- 醇、麦角甾 -7,22- 二烯 -3β- 醇、(22*E*,24*R*)- 麦角甾 -7,22- 二烯 -3β,5α,6β- 三醇、烟酸、苯甲酸、D- 阿拉伯糖醇、甘露醇、海藻糖。挥发性成分以 (*Z,Z*)-9,12- 十八烷二烯酸为主。

【活性用途】　我国云南产的裂褶菌气香味鲜，被称为"白参"，其性平、味甘，具滋补强壮、扶正固本和镇静的作用，可治疗神经衰弱、精神不振、头昏耳鸣和出虚汗等症。具提高免疫力、抗菌、抗氧化、抗肿瘤等作用。该菌在食品工业、医药卫生、生物化学等方面应用广泛。

【毒　　性】　零星报道其为动物机会致病菌。

【实物样品】

大孢硬皮马勃

【拉丁学名】 *Scleroderma bovista* Fr.

【分类地位】 担子菌门 / 蘑菇纲 / 牛肝菌目 / 硬皮马勃科 / 硬皮马勃属

【形态特征】 子实体小，不规则球形至扁球形，直径 1.5～5.5cm，高 2～3.5cm，浅黄色、灰褐色至灰黑色，初期平滑，后期有不规则裂纹，或有粗糙不定形的小鳞片，并易落。基部有根状物与基质固定。包被浅黄色至灰褐色，薄，有韧性，光滑或呈鳞片状。孢体暗紫褐色、青紫褐色，有网纹交错，由白色隔片分生小腔。孢丝褐色，顶端膨大，壁厚，有锁状联合。孢子球形，暗褐色，含一油滴，有网棱，网眼大，周围有透明薄膜。

【生态习性】 夏秋季生于沙地、草丛及林缘地。

【化学成分】 有研究者从该菌甲醇提取物分离出麦角甾烷类和羊毛甾烷类甾类化合物，以及神经酰胺衍生物。

【活性用途】 幼时可食用。老熟后可以消肿止血，治疗外伤出血、冻疮流水。使用时可将适量孢子粉敷于伤口处。羊毛甾烷类化合物和麦角固醇过氧化物 -3- 葡萄糖苷具抑制人癌细胞（HeLa、A2780、MDA-MB-231 和 MCF-7）增殖的作用。

【毒　　性】 未见报道。

【实物样品】

橙黄硬皮马勃

【别　　名】金黄硬皮马勃、黄硬皮马勃

【拉丁学名】*Scleroderma citrinum* Pers. ≡ *Scleroderma aurantium* (Vaill.) Pers. ≡ *Scleroderma vulgare* Horn.

【分类地位】担子菌门 / 蘑菇纲 / 牛肝菌目 / 硬皮马勃科 / 硬皮马勃属

【形态特征】子实体较小或中，直径 2～13cm，近球形或扁球形，土黄色或近橙黄色，着生部位为紧缩而成的一个或小或粗的柄状基部，以一菌丝索固定于土中。表面初期近平滑，渐形成龟裂状鳞片或顶部有龟裂网纹，或网纹具中心疣点，或小或粗。皮层厚，剖面显红色，成熟后变浅色。内部孢体初期灰紫色，后期黑褐紫色，后期破裂散放孢子粉。孢丝厚壁，褐色，多分枝，有锁状联合。孢子球形，具网纹突起，褐色。

【生态习性】夏秋季生于松及阔叶林沙地上，群生或单生。

【化学成分】羊毛甾烷型三萜类化合物、羊毛固醇类、延胡索酸、腺苷、甘露醇、*N,N*- 二甲基 -L- 苯丙氨酸、*N*- 甲基 -L- 苯丙氨酸、D- 蒜糖醇、绒盖牛肝菌酸（xerocomic acid）和抑硬素（sclerocitrin）等。

【活性用途】孢子粉有消炎作用，子实体提取物可以抑菌、杀虫。羊毛甾烷型三萜具抗 I 型单纯疱疹病毒和抗结核分枝杆菌活性，其衍生物对小细胞肺癌细胞（NCI- H187）有细胞毒性。*N,N*- 二甲基 -L- 苯丙氨酸能抑制细菌（金黄色葡萄球菌、产气杆菌、大肠杆菌、巨大芽孢杆菌和灵杆菌）生长，该菌甲醇 - 氯仿总浸膏及其石油醚萃取物对粘虫具诱导拒食、毒杀和触杀作用。

【毒　　性】有毒。食后引起胃肠炎反应，10min 至半小时即出现呕吐、头晕、发冷等症状。

【中毒救治】及时就医，采取催吐、洗胃等措施救治，通常不会有严重危害。

【实物样品】

多根硬皮马勃

【别　　名】　星裂硬皮马勃

【拉丁学名】　*Scleroderma polyrhizum* (J. F. Gmel.) Pers.

【分类地位】　担子菌门 / 蘑菇纲 / 牛肝菌目 / 硬皮马勃科 / 硬皮马勃属

【形态特征】　子实体小至中，近球形，有时不正形，未开裂前宽 4～8cm。包被厚而坚硬，初期浅黄白色，后期浅土黄色，表面常有龟裂纹或斑状鳞片，成熟时呈星状开裂，裂片反卷。孢体成熟后暗褐色。孢子球形，褐色，有小疣，常相连成不完整的网纹。

【生活习性】　夏秋季在林间空旷地或草丛中或石缝处单生或群生。

【化学成分】　麦角固醇、N,N- 二甲基 - 苯丙氨酸、2-N,N,N- 三甲基 - 苯丙氨酸、2-trimethyl-ammonio-3-(3-indolyl) propiona、4,6,8(14),22- 麦角甾四烯 -3- 酮、$5\alpha,8\alpha$- 表二氧化麦角甾 -6,22- 二烯 -3β- 醇、棕榈酸和油酸等。

【活性用途】　幼时可食用。消肿、止血，用于治疗外伤出血、冻疮流水，可将适量的孢子粉敷于伤口处。民间曾以孢子粉作为爽身粉的代用品。4,6,8(14),22- 麦角甾四烯 -3- 酮具生物发光特性。

【毒　　性】　未见报道。

【实物样品】

小果蚁巢伞

【别　　名】　小蚁巢菌、小鸡枞

【拉丁学名】　*Termitomyces microcarpus* (Berk. & Broome) R. Heim

【分类地位】　担子菌门 / 蘑菇纲 / 蘑菇目 / 离褶伞科 / 蚁巢伞属

【形态特征】　子实体小。菌盖初期近球形或圆锥形至斗笠形，直径 0.3~2.5cm，中部具突尖，光滑，具灰色、灰褐色至淡棕褐色放射状纤毛细条纹，往往边缘开裂。菌肉白色，薄。菌褶白色，密，凹生或近离生，不等长。菌柄长 4~6cm，粗 0.2~0.4cm，白色，纤维质，具丝光，基部钝或生成假根生白蚁窝上。孢子印粉红色。孢子无色，平滑，宽椭圆形至近卵圆形。

【生态习性】　夏秋季于阔叶林中群生或丛生。

【化学成分】　含多种酶、蛋白质、氨基酸、葡聚糖、脂肪酸、脂肪烃、芳香烃、芳香含氮（硫）化合物、桦木醇、酚类、麦角甾烷类和黄酮类化合物等。

【活性用途】　可食用。具抗氧化、抗微生物作用，对儿童具壮骨功效；麦角甾烷类化合物对人癌细胞 NCI-60 具细胞毒作用，可抑制肿瘤细胞增长。

【毒　　性】　未见报道。

【实物样品】

雅致栓孔菌

【别　　名】 优美多孔菌

【拉丁学名】 *Trametes elegans* (Spreng.) Fr. ≡ *Trametes palisotii* (Fr.) Imazeki

【分类地位】 担子菌门 / 蘑菇纲 / 多孔菌目 / 多孔菌科 / 栓孔菌属

【形态特征】 子实体无柄盖形，通常单生，新鲜时革质，干后硬革质。菌盖圆形、扇形，单个菌盖外伸可达 6cm，宽可达 10cm，中部厚可达 1.5cm，菌盖表面新鲜白色至乳白色，后期变为浅灰白色，近基部具瘤状突起，具不明显的同心环带，边缘锐完整，与盖面同色。菌管奶油色，比管面色稍浅，木栓质，长达 6mm。管口多角形至迷宫状，放射状排列，每毫米 2～3 个，管口缘薄或厚，全缘。管表面初期奶油色，后期浅赭色，干后浅黄色，不育边缘明显，奶油色，宽可达 2mm。菌肉乳白色，木栓质，无环区，厚可达 9mm。

【生态习性】 春季至秋季生于阔叶树的倒木和腐朽木上。

【化学成分】 含皂苷、单宁、黄酮、甾类、萜类、酚类化合物等。

【活性用途】 子实体提取物具抗氧化、抗微生物（如细菌、真菌）作用。也可用于治疗胃痛、头痛。

【毒　　性】 未见报道。

【实物样品】

东方栓菌

【别　　　名】　灰带栓菌、东方云芝

【拉丁学名】　*Trametes orientalis* (Yasuda) Imaz.

【分类地位】　担子菌门 / 蘑菇纲 / 多孔菌目 / 多孔菌科 / 栓孔菌属

【形态特征】　子实体大，木栓质，无柄侧生，多覆瓦状叠生。菌盖半圆形扁平或近贝壳状，3～12cm×4～20cm，厚3～10mm，表面具微细绒毛，后期渐光滑，米黄色、灰褐色至红褐色，常有浅棕灰色至深棕灰色的环纹和较宽的同心环棱，有放射状皱纹，上部常具褐色小疣突，盖边缘锐或钝，全缘或波状。菌肉白色至木材白色，坚韧，厚2～6mm。菌管与菌肉同色或稍深，管壁厚。管口圆形，白色至浅锈色，每毫米2～4个，口缘完整。孢子无色，光滑，长椭圆形，稍弯曲，具小尖。

【生态习性】　生于阔叶树枯立木、腐木或伐木桩上。

【化学成分】　能产生漆酶、木质素过氧化物酶和锰过氧化物酶及多糖。从该菌子实体中分离得到的化合物有：5α,6α-epoxy-5α-crsgosta-8(14),22*E*-diene-3β,7α-diol、5α,6α-epoxy-3β,8β-14α-trihydroxy-5α-epoxy-22*E*-en-7-one、(3α,5α)(8β,11β)-diepidioxy-ergost-22*E*-en-12-one、多孔菌酸C、齿孔酸、茯苓酸、硫磺菌酸、齿孔醇、麦角固醇、3β-羟基-5α,8α-过氧麦角固醇-6,22-二烯、3β-羟基-5α,8α-过氧麦角固醇-6,9,22-三烯、麦角甾-7,22-二烯-3β,5α,6β-三醇、麦角甾-7,22-二烯-6β甲氧基-3β,5α-二醇、麦角甾-7,22-二烯-3β-醇、亚油酸。

【活性用途】　治疗各种炎症如肺结核、支气管炎，对风湿类病症有较好的作用，还可抑制肿瘤的生长。多糖具抗氧化、免疫增强和保肝作用。

【毒　　　性】　未见报道。

【实物样品】

绒 毛 栓 菌

【别　　名】 毛盖干酪菌

【拉丁学名】 *Trametes pubescens* (Schum Fr.) Pat. ≡ *Tyromyces pubescens* (Schum. Fr.) Imaz.

【分类地位】 担子菌门 / 蘑菇纲 / 多孔菌目 / 多孔菌科 / 栓孔菌属

【形态特征】 子实体无柄或平展至反卷，木栓质或近革质。菌盖半圆形或扇形，有时覆瓦状或左右相连，1～4cm×1.5～8cm，表面有细绒毛，浅黄色、灰白色或浅黄褐色，具不明显的环带，边缘薄或稍厚，有时稍内卷。菌肉白色。菌管白色，干后浅褐色。管面白色，后期变浅褐色，高低不平，管口略圆形或多角形。生殖菌丝薄壁，少有分枝，具扣子体；骨骼菌丝厚壁，偶有分枝；缠绕菌丝厚壁，不具膈膜，分枝多。孢子近圆柱形，稍弯曲或长椭圆形，透明，薄壁，平滑。

【生态习性】 生于阔叶树腐木上。

【化学成分】 漆酶、锰过氧化物酶、单宁酶等。有从该菌发酵液中分离得到抗真菌化合物，即 *trans*-dec-2-ene-4,6,8-triyn-1-ol 环氧化物。

【活性用途】 该菌液体发酵产物有抗氧化应激作用，可增加动物脂质不饱和度、减少脂质过氧化物（LPO）产物浓度，提升抗氧化能力。子实体提取物体外具抗氧化、抗糖尿病、抗痴呆和抗炎作用。

【毒　　性】 未见报道。

【实物样品】

银　耳

【别　　　名】　白木耳、银耳子

【拉丁学名】　*Tremella fuciformis* Berk.

【分类地位】　担子菌门 / 银耳纲 / 银耳目 / 银耳科 / 银耳属

【形态特征】　子实体中等至较大，纯白色至乳白色，胶质，半透明，柔软有弹性，由数片至 10 余片瓣片组成形似菊花形、牡丹形或绣球形，直径 3～15cm，新鲜时软，干后收缩，角质，硬而脆，白色或米黄色。在子实体上下两面，均覆盖子实层，由无数担子组成。担子近球形或近卵圆形，纵分隔。孢子印白色。孢子无色，光滑，近球形。

【生态习性】　夏秋季生于阔叶树腐木上或人工栽培。

【化学成分】　含蛋白质、脂肪、碳水化合物、维生素和微量元素等多种成分。银耳多糖被认为是银耳中的主要有效成分，主要有酸性杂多糖、中性杂多糖、胞壁多糖、胞外多糖及酸性低聚糖等。有研究者还从银耳中分离得到卵孢子素、麦角固醇苷 3-*O*-β-D- 吡喃葡萄糖基 -22*E*,24*R*-5α,8α- 过氧化麦角甾 -6,22- 二烯（3-*O*-β-D-glucopyranosyl-22*E*,24*R*-5α,8α-epidioxyergosta-6,22-diene）、β-D- 甘露糖苷酶和 β-*N*- 乙酰 -D- 己糖胺酶等。

【活性用途】　银耳是公认的珍贵食用菌和重要药材，其名始见于《名医别录》。而早在《神农本草经》开始，历代医书即记载了其滋阴润肺、养胃生津的功效。从 20 世纪 70 年代开始，国内外对银耳的药效研究主要集中在多糖上。大量的药理实验表明，银耳多糖具调节免疫、抗肿瘤、抗菌、心肌保护、抗氧化、抗衰老、降血糖、降血脂、抗凝血、抗溃疡和改善学习认知功能等多种作用。

【毒　　　性】　未见报道。

【实物样品】

污柄粉孢牛肝菌

【拉丁学名】 *Tylopilus fumosipes* (Peck) A. H. Smith & Thiers

【分类地位】 担子菌门 / 蘑菇纲 / 牛肝菌目 / 牛肝菌科 / 粉孢牛肝菌属

【形态特征】 子实体中。菌盖扁半球形至扁平，直径 3～8cm，暗褐黄色至灰褐色，边缘青绿色，黏。菌肉白色。菌管管面污白色至粉红色，菌管层近离生。菌柄长 5～10cm，粗 0.5～1.5cm，向下变细，似盖色，有纵条纹，基部白色，实心。孢子光滑，近纺锤形。

【生态习性】 夏秋季于林中地上单生或群生。

【化学成分】 未见报道。

【活性用途】 未见报道。

【毒　　性】 未见报道。

【实物样品】

灰紫粉孢牛肝菌

【别　　名】　紫色粉孢牛肝菌

【拉丁学名】　*Tylopilus plumbeoviolaceus* (Snell.) Singer

【分类地位】　担子菌门 / 蘑菇纲 / 牛肝菌目 / 牛肝菌科 / 粉孢牛肝菌属

【形态特征】　子实体中至大。菌盖半球形，后期渐平展，直径 3～8cm，幼时紫色渐呈紫褐色，老后灰褐色略紫，不黏，边缘幼时内卷。菌肉白色，伤处不变色，致密，脆嫩，无特殊气味且味很苦。菌管面乳白色变粉色至淡粉紫色，管口小，近圆形，后期稍变大。菌柄长 6～8cm，粗 1～2.5cm，圆柱形，幼时粗壮且下部膨大，紫色或褐紫色，基部有白绒毛，顶部色浅无网纹或不明显，内部实心。孢子无色，光滑，近椭圆形。

【生态习性】　夏秋季于林中地上单生、散生或群生。

【化学成分】　从该菌中分离鉴定的化合物有：麦角固醇、麦角固醇过氧化物、麦角硫因、腺嘌呤核苷、尿嘧啶、tylopiol A、tylopiol B。

【活性用途】　可食用，味苦，需加工。

【毒　　性】　未见报道。

【实物样品】

蹄形干酪菌

【别　　名】　乳白干酪菌

【拉丁学名】　*Tyromyces lacteus* (Fr.) Murr. ≡ *Oligoporus tephroleucus* (Fr.) Gilbn. et Ryv.

【分类地位】　担子菌门 / 蘑菇纲 / 多孔菌目 / 多孔菌科 / 干酪菌属

【形态特征】　子实体较小，无柄。菌盖近马蹄形，剖面呈三角形，纯白色，后期或干时变为淡黄色，鲜时半肉质，干时变硬，2～3.5cm×2～4.5cm，厚 1～2.5cm，表面无环而有细绒毛，边缘薄锐，内卷。菌肉软，干后易碎，厚 7～15mm。菌管白色，干时长 3～10mm，管口白色，干后变为淡黄色，多角形，每毫米 3～5 个，管壁薄、渐形裂。菌丝无色，少分枝，有横隔和锁状联合。孢子腊肠形，无色。担子棒状，短，4 小梗。

【生态习性】　生于阔叶树或针叶树腐木上。

【化学成分】　从该菌子实体甲醇提取物中分离得到 oligoporins A、oligoporins B 和 oligoporins C，培养的菌丝体中分离出 tyromycin A。

【活性用途】　化合物 oligoporins A、oligoporins B 和 oligoporins C 对羟自由基引起的 DNA 损伤具明显保护作用，oligoporins A 还有抗血小板聚集作用；tyromycin A 具白胺酸胺肽酶和半胱氨酸胺肽酶抑制活性。

【毒　　性】　未见报道。

【实物样品】

草地横膜马勃

【别　　名】 草地马勃、横膜灰包

【拉丁学名】 *Vascellum pratense* (Pers.) Kreisel ≡ *Vascellum depressum* (Bon.) Smarda ≡ *Lycoperdon pratense* Pers.

【分类地位】 担子菌门 / 蘑菇纲 / 蘑菇目 / 蘑菇科 / 横膜马勃属

【形态特征】 子实体较小，宽陀螺形或近扁球形，直径 2～5cm，高 1～4cm，初期白色或污白色，成熟后灰褐色或茶褐色。外包被由白色小疣状短刺组成，后期脱落后，露出光滑的内包被，内部孢子粉幼时白色，后期黄白色，成熟后茶褐灰色或咖啡色。不育基部发达而粗壮，与产孢部分间有一明显的横膜隔离。孢丝无色或近无色至褐色，厚壁有隔，表面有附属物。成熟后从顶部破裂成孔口，从孔口散发孢子。孢子球形，有小刺疣，浅黄色。

【生态习性】 夏秋季于草地、空旷草地、林缘草地上单生、散生或群生。

【化学成分】 含碳水化合物（如 β- 葡聚糖）、酚类、黄酮类、胡萝卜素、脂肪酸等。

【活性用途】 幼时可食。提取物具抗氧化、胆碱酯酶抑制和细胞毒作用。成熟孢子粉外敷止血。

【毒　　性】 未见报道。

【实物样品】

黑炭角菌

【拉丁学名】 *Xylaria nigrescens* (Sacc.) Lloyd

【分类地位】 子囊菌门 / 粪壳菌纲 / 炭角菌目 / 炭角菌科 / 炭角菌属

【形态特征】 子实体高 2～8.5cm，头部棒状或倒卵圆形，长 1.2～6cm，宽 0.6～2.2cm，黑褐色至黑色，内部白色变空或纵裂，表面光滑。菌柄短而细，圆柱形，黑色有绒毛至光滑。子囊壳埋生，长方椭圆形，孔口不明显。子囊圆筒形。孢子暗褐色。

【生态习性】 于腐木上单生或群生。

【化学成分】 未见报道。

【活性用途】 未见报道。

【毒　　性】 未见报道。

【实物样品】

参 考 文 献

李玉，李泰辉，杨祝良，等. 2015. 中国大型菌物资源图鉴. 郑州：中原农民出版社.

卯晓岚. 2000. 中国大型真菌. 郑州：河南科学技术出版社.

张树庭，卯晓岚. 1995. 香港蕈菌. 新界：香港中文大学出版社.

中 名 索 引

拉丁名索引